小球大时代
——冠军身旁看创新

SMALL BALL
FOR GREAT TIMES

齐宝香 ⊙ 总策划　文经风 ⊙ 著

图书在版编目 (CIP) 数据

小球大时代：冠军身旁看创新 / 文经风著；齐宝香总策划.
—北京：中央编译出版社，2016.4
ISBN 978-7-5117-2983-5

I. ①小… II. ①文… ②齐… III. ①成功心理－通俗读物 IV. ① B848.4-49

中国版本图书馆 CIP 数据核字 (2016) 第 072008 号

小球大时代：冠军身旁看创新

出 版 人：	葛海彦
出版统筹：	董　巍
责任编辑：	岑　红
责任印制：	尹　珺
出版发行：	中央编译出版社
地　　址：	北京西城区车公庄大街乙 5 号鸿儒大厦 B 座 (100044)
电　　话：	(010) 52612345（总编室）　(010) 52612331（编辑室） (010) 52612316（发行部）　(010) 52612317（网络销售） (010) 52612346（馆配部）　(010) 66509618（读者服务部）
传　　真：	(010) 66515838
经　　销：	全国新华书店
印　　刷：	张家口市下花园光华印刷有限责任公司
开　　本：	880 毫米 ×1230 毫米　1/32
字　　数：	170 千字
印　　张：	9.25
版　　次：	2016 年 4 月第 1 版第 1 次印刷
定　　价：	48.00 元
网　　址：	www.cctphome.com　邮　　箱：cctp@cctphome.com
新浪微博：	@ 中央编译出版社　　微　　信：中央编译出版社 (ID：cctphome)
淘宝店铺：	中央编译出版社直销店 (http://shop108367160.taobao.com) (010) 52612349

本社常年法律顾问：北京嘉润律师事务所律师　李敬伟　问小牛
凡有印装质量问题，本社负责调换，电话：010-55626985

目 录

打球也是读书　　　蔡振华　1

第一篇　心力　　001

　　我们心中的"魔"　002
　　拥抱迷茫　008
　　标签是魔鬼　015
　　好东西往往说不清　020
　　直面恐惧　025
　　心是一部收音机　030
　　一张球台两种思维　035
　　信念的力量　040
　　看不见的地方　045
　　敏感力与钝感力　052
　　细分的力量　061

第二篇　第三视角　　067

　　弧圈时代　068
　　摩擦与撞击　074
　　养球也是读书　080
　　拍子的脾气　085
　　桌上网球　099
　　盛极的思考　107
　　精致的小作坊　114
　　专业与业余　119
　　圈子的力量　124

131　日本的一家球拍店
135　失败是常态
140　乒乓与作揖
145　教条主义害死人
152　好为人师与好为人徒

157　第三篇　微出轨

158　革命会有副作用
162　科学有边界
167　爷制定了规则
173　黄昏里挂起一盏灯
179　东邪西毒
184　预判
189　向氛围致敬
195　单一的背后
200　从清晰到混沌
205　在相持中积累优势
210　最后一公里
215　我能
221　简单与虚实

227　第四篇　精气神儿

228　又见丁宁
235　张怡宁真能说
256　气场的光环
264　定力是一种气质
269　老庄走了

278　后记　向极致致敬

序

打球也是读书

2007年吴敬平指导在出版《直板反胶打法训练》一书时，我为他写序当中曾这样说过："我真诚地希望出版这本书，能为国家队及各省市队的教练员做个榜样，大家都拿起笔来，把自己在执教过程中的经验和体会写出来，让更多的人对高水平的运动技术有更多的了解。"

从那以后，齐宝香也悄悄拿起了笔，她和一个球迷朋友合作，想把这大半辈子打球中的感受写成一本书，这一写就是八年，现在这本书将由中央编译出版社出版，想请我给他们做个序，看着这一摞厚厚的书稿，这里汇集了作者和编辑多年的心血，使我难以拒绝。

这不是一本纯粹写乒乓球技术的指导书，这是一本通过乒乓球来与大家共同探讨敏感力、钝感力、意志力、潜能的书。乒乓球作为中国的国球，至今长盛不衰，除了技术上超前，还有着哲学、心理、文化的深层原因。如何直面恐惧、贪婪、成功、失败，特别是在"大众创业，万众创新"的时代背景下，"心力"在今天显得更为重要了。

常言说"诗的功夫在诗外",这本书的独到之处在于,他们在探讨乒乓球技术的同时,把更多的笔墨放到了技法之外的心法上,从国人喜爱的乒乓球这一独特视角出发,探索搏弈中碰到的各种问题,与广大乒乓球爱好者和在创新路上向前进的年轻人分享。

随着互联网以及现代科技的迅猛发展,一个全新的时代已经到来,它不仅改变了我们的生活方式,更改变了我们的观念,而观念的转变是最伟大的转变。这本书当中提出的一些观念颇为新颖独特,大家可以讨论、辩论,这里也许没有现成的答案,而答案就是在争辩中越来越明了。

2015 年 11 月 26 日

第一篇 心力

我们心中的『魔』

> 把自己心中的魔鬼消灭，
> 这是人类一种天真的幻想，
> 我们只能在向贪、嗔、痴
> 臣服的同时，
> 努力把它关在笼子里。

　　几乎所有打乒乓球的人都有着这样的感受，比赛时心理上的一点点微小的变化都会在打球上反映出来，越是关键时刻越是接近胜利，这种变化越是明显。采访张怡宁时她曾经说过，打乒乓球三分技术七分心理。有一位伟人在总结自己领导武装集团夺取政权之后的心得时也说过类似的话，只不过不是三分技术七分心理，而是三分军事七分政治。可见软件的力量有多大，在技术水平相当的情况下博弈，比的就是心理软件了，是自己和对手心理上的博弈，最终是自己和自己心理上的较量。

　　许多运动员打球时，在比分落后的情况下能奋起直追，猛打猛冲，但只要比分一领先心里总会又冒出各种杂念："我马上就要赢了，对方可别再追上来""胜利就在眼前了，赢了这场球我就能拿到冠军"……这样的念头一闪过，哪怕只有千分之一秒，手上马上就有反应，而越是有这种担心事情往往就越会发生，常常大比分领先反而被对手追上来，最后输掉这场球，让人扼腕长叹。这种情况时有发生，而且这种变化往往不受自己控制。

不仅业余选手是这样，即使是受过多年专业训练的世界顶级选手也会出现这种情况。最经典的就是在第四十六届世乒赛男子团体半决赛上刘国正对金泽洙的那场比赛。最后一场比赛决胜局金泽洙19：15领先，他只要再拿两分，韩国队就能打败无比强大的中国队而极有可能问鼎世界冠军了，韩国队从未拿过男子团体冠军的奖杯，如果这次能够实现这个梦想那将是举国欢腾的殊荣，让世界轰动的新闻。可就在这时金泽洙的心态发生了变化，这种变化可能只是一个闪念，甚至连他自己都不一定完全意识到，但就是这个瞬间的念头却把他心里的笼子打开，心中的魔鬼被放了出来。可这时的金泽洙已是身不由己，他好像突然变得不会打球了，连连失分，不是接发球自己出现主动失误把比分送给人家，就是回球过高被刘国正一板冲死，打到20：16时他有四个赛点，只要他再拿下一分胜利就到手了，台下的观众甚至中国男队总教练蔡振华本人都认为中国队这场球希望不大了，可这一分金泽洙就是拿不下来，竟然被刘国正追到20平，最后金泽洙以23：25惜败，失去了韩国队有史以来唯一有可能获得世界冠军的机会。赛后我从电视屏幕上看到，在全场观众的欢呼中，蔡振华连站起来都要人扶着，可见比赛打到什么程度，这时技术已经不那么重要了，完全是一场心理上的较量。事后蔡振华说："这是我执教十一年来最精彩、最紧张、比分最紧、压力最大的比赛。"蔡振华用了四个"最"来形容这场难以置信的比赛，这是一场意志与斗志的较量。赛后的金泽洙十分沮丧，对于一名老将来说这样的机会不会再有了。而这场比赛将作为经典永载乒坛史册，现在许多乒乓球的教科书上都把这场比赛作为经典案例来讲。

由此引出一个话题，那就是如何对待我们心中的"魔"。

在我们每个人心智的笼子里都关着各种各样的"魔"，有贪婪、有恐惧、有从众、也有愚昧，一个人的成功与否很大程度上取决于你能不能成功地把这些"魔"关在笼子里，让它在一个适度的范围内活动。魔鬼一旦跑出我们心灵的笼子，就不再受我们主观思想的控制，群魔乱舞就一定会把你引向失败和毁灭。

把"魔"关在心灵的笼子里难，但放出来却很容易，往往是一个闪念就会在潜意识中把这个笼子打开了。

经过长时间的纠结我得出这样一个结论，人不可能让自己不出现杂念，所以靠自身内心的力量是很难让我们心中的魔鬼老老实实待在笼子里边的。有人说"战胜自我"是个伪命题，这句话对与否留作后议，但从我数十年打球的体会来看，我无数次在比赛的关键时刻，尤其是在大比分领先的情况下想战胜自己,但大多数情况下都败下阵来,有几次近乎把自己逼到极限的状态,但我仍然没有完全战胜自己。

隐约中我似乎觉得人是不可能完全战胜自我的,需要依靠自身以外的力量才能得以实现,这就像人不能揪着头发使自己的双脚离开地面一样。需要一个支点,然而这个支点一定不在自己身上。

把自己心中的魔鬼消灭掉,这似乎是人类一种天真的幻想。20世纪60年代,毛泽东发动过一场"无产阶级文化大革命",他看出了中国社会存在的问题,而这些问题是用枪杆子解决不了的,他想通过意识形态在人们灵魂深处发动一场革命,不允许人们有私心,"狠斗私字一闪念"这句话让几亿人像圣经一样背诵,提出"一不怕苦,二不怕死"的口号,害怕死亡被看做是孬种。那是中国人民在他老人家领导下为消灭心中的魔鬼做出的最壮烈的举动,几亿人一起来降妖捉怪,"横扫一切牛鬼蛇神",来它个天翻地覆,其结果不但没有消灭我们心中的魔鬼,反而是在革命名义的旗帜下,在同一时刻把人们心中的魔鬼都放了出来,其结果是造成了一场史无前例的浩劫,其影响一直延续到今天。而我们心中的魔鬼不仅没有因此而消灭,反而变得更加厉害,更加难以驯服。

英国社会生物学奠基人理查德·道金斯在他的代表作《人的自私基因》一书中指出:人的优点是由生长在他身上

的基因所决定的，人有自私的缺点是因为人身上生长着自私的基因，男人喜欢战争是因为身上有一种攻击的基因，所谓天才只是基因的排列与别人不同，后天努力的成分很少。每个人因为基因排列不同，使人的外观和性格千差万别。这种基因可以变异但不可能消除，所以人不可能战胜自私、贪婪、恐惧这样的自身基因带来的毛病，除非做手术，但今天的科学还没有发展到能对自己的基因做手术的程度，所以人是不能改变的。是否发现了关于贪婪、恐惧的基因目前并没有看到有关报道，去掉这些基因的伟大梦想只能交给遥远的未来了。

我们不能把将来有可能解决问题的答案在今天使用，那就脚踏实地从能做通的地方开始做起。

给魔鬼一块天地，并与它和平相处，不要想灭掉魔鬼，因为最后它会与你同归于尽。找到把魔关在笼子里的那把锁，是我们一生要做的很重要的事。

有孩子的父母都会有这样的体会，越是人多的时候小孩子越是"人来疯"，大人越是管他，他就越在地上打滚，最好的办法就是别理他，他自己就收敛了。心魔有时就像个孩子，在紧要的时候你越是有"别慌，一定要坚持住"这样的念头，往往你越身不由己慌得厉害，如果你不想这些字眼，只是专想如何做好这件事，那些干扰你的念头就会因为忘却而消失了，心理学上称这种方法为"顶替法"。

刘国正在战胜金泽洙后说当时他满脑子都在想技战术，

想这个球应该怎么打，观众的喊声他一点都没听见，这场球输了以后会带来怎样的后果也没空去想。我不知道金泽洙想了些什么，但有一点可以肯定，他一定闪过别的念头。输与赢，成功与失败往往就在这一念之差。

有些运动员一定要穿自己喜欢颜色的球衣，有的运动员手上会带上一串佛珠，著名男高音歌唱家帕瓦罗蒂演唱时手里一定要拿一个小电扇，这些在正常人看起来有些怪异的举动，也许是他们借助外力来锁住自己心魔的方法，绝不会是什么迷信。

为什么乒乓球运动员比赛时后边一定要有个教练，教练在整场比赛中只有一次叫暂停的机会，大部分时间都是在那里面无表情地坐着，但场上的运动员却会感到心里很定。为什么医生自己得病，甚至是自己本专业的病都要找一个他信任的人作为主治医生。为什么一个成功的人身边都会有一个志同道合、心心相印的伴侣。其实那都是能看清和管住你心中"魔"的那个人，你遇到了这样的人是你一生的福分，遇不到这样的人我们一样可以朝前走，那就把你的心交给上帝，他是专门打理人们灵魂的。

"有竞争的地方就有迷信，有冒险的地方就有宗教"，这就是锁住我们心魔的那把锁。

拥抱迷茫

> 迷茫是好事,
> 说明你还有希望,
> 只有那些完全被时代甩下的人,
> 才没有思想的黑暗期。

在一次读书会上,当当网总裁俞渝来做主讲嘉宾。当当网作为中国第一大图书网站家喻户晓,主事的老板娘却十分低调。

著名导演冯小刚在接受媒体采访时说:一个伟大的导演应该是拍出的片子如雷贯耳,走在马路上谁也认不出来,这样的导演才能拍出好片子来。这话说得在理。

俞渝不仅气质高雅而且才思敏捷,说话条理清楚,逻辑性强,不仅妙语连珠赢得台下一片片掌声,而且许多话说得颇有哲理耐人寻味。"拥抱迷茫"是那天她演讲的主题,听得我心里一动,因为我刚刚拥抱完迷茫,深刻地体验了这段心路历程,感受多多。

张爱玲曾经说过成名要趁早,这是她的切身体会。趁着改革开放的大潮,我碰到了做梦都没有想到的好机会,

1993年因创办了中国第一家性用品商店而一夜成名，引起了全世界各大媒体的关注和报道，各种诱人的机会就像雨点一样打得你睁不开眼，从此企业被推到一个高度，顺风顺水走了十多年，不知道什么是挫败感，更忘了失败是个啥滋味儿。

2007年因网络的冲击，性用品市场开始急剧萎缩，营业额开始大幅下降。位于西城区白塔寺大街的公司总店房屋到期不能续租，那个地方十多年来被国内外媒体反复报道，已成为一个地标了，离开那里对于我们来说是致命一击，有可能会使公司大厦轰然倒塌，遭受灭顶之灾。公司人心不稳，有些人已经开始另找出路了。

来自方方面面的压力，对我这个从未经历过逆境和失败的人来说攻击度是很大的，靠着多年打乒乓球锻炼出来的毅力和体质，我虽然没有倒下，却陷入了深深的迷茫当中。真是前边没有岸，后边远离了岸。

我开始变得自闭了，把自己关在房间里终日不愿见人，也不想干事。失眠、吃不好饭，每到黄昏时刻都觉得自己要死过去一样，常常在窗前惆怅地看着黄昏中的落日，又在伤感中等待着黑夜的到来。连续不断地感冒发烧，让体重迅速下降，真是"为伊消得人憔悴"了。

我曾试着在书籍和大师们那里寻找解脱的办法，答案多种多样，可大都是停留到书本上，与实际相去甚远。都说学以致用，此刻的我对这句话的真实性产生了怀疑。

这种状态持续了将近五年，我人生中最好的年龄段，就这样在迷茫中度过了，总觉得很痛苦，又是那样的身不由己。

渐渐地我觉得自己的身体在起变化，好像很多器官都出了毛病，去医院从头到脚查个遍，结论是一切正常，但我仍然觉得不舒服，对那些一切正常的科学结论也总是将信将疑，因为我觉得科学能解释的东西很有限，我也不是一个彻底的唯物主义者。

我怀疑自己是否得了抑郁症或神经系统出了毛病这样的"软病"，就跑去人民医院神经内科找了孙丽大夫，她是我的好朋友，不仅在国外学习工作多年，在国内医学界也很有影响，是我医生朋友中"医感"最好的大夫之一，她行侠仗义，能为病人两肋插刀，人送外号"孙二娘"。

她接过我查体的所有单据看了看，又细细地听我对她胡喷了一通，笑笑说："挂号费免了，晚上请我吃饭，你的病医院治不好。"

在一家咖啡厅我们坐了下来，脱去了医生冰冷的白大褂，她显得更有女人味。她告诉我很多人都把迷茫期当做病来治，其实这种生活和工作当中的迷茫给人带来的变化和病没关系，她劝很多把迷茫期当做病来治的人，别在医院花冤枉钱，心病还要心来解，为此得罪了不少人。

放下功利心，让自己动起来，顺着快乐的声音走向你最有兴趣的下一步——这是她给我开的药方。我这才明白为什么这病不能在医院看,我相信她说的话,信则灵。

翻翻自己兴趣库里的家底,赚钱、写作、音乐、话剧、乒乓球都是我的最爱,在以前的那些年里赚钱是专业,其他都是业余,属于小二小三之列,虽然喜爱却不能入正房。笃信无利不起早是商人的铁律,是我们做事的出发点,不管做什么脑海里第一反应就是看有没有利可图。和朋友出去吃顿饭,参加一个活动,如果和商业无关就会退避三舍,为此还被《中国现代商业报》的记者写成文章,题目叫《都市地主》,占了报纸第一版的大半个版面。现在我把其他几项能给我带来快乐的爱好,放在和赚钱同等位置上,认认真真地当做一项事业去做。在这些爱好中写作是我除了赚钱最喜欢的,顺着写作这条线索追下去,其他爱好都可以作为写作观察生活的一部分,被有机地组织起来。

小试一下,初见效果,觉得我那颗冰冷硬邦的心开始一天天松弛温暖起来。我决定不再待在房间里闭门思过,而是走出去,到人多的地方去,到有正能量出现的地方去。我把办公室从偏僻的地方搬到了二环以里,不再端着老板架子,有事没事经常到员工的办公室里坐一坐,感受一下年轻人的活力与笑容,我觉得他们笑得是那样灿烂。他们在公司工作多年,我以前从没见到过,其实不是我没见到,而是我从没注意过。

一天,一位久未见面的朋友拉我去参加一个沙龙活动,我一听是关于哲学的讨论,和赚钱毫无关系,以前我一定不会去的,我觉得是一群又酸又穷的知识分子在一起发牢骚,事后找一个我这样的小老板去买单。这次我却去了,我觉得自己在变。

那是一些哲学界和思想界的朋友们的小型聚会,他们讨论得很热烈,我心中积郁了很久的一些"结"有些被打开了,整个沙龙和赚钱没有一丝联系,但却给我带来了这几年没有过的快乐,也让我第一次体会到"许多了不起和钱没关系"这句话的意味了。

我顺着这种快乐的感觉朝前走,参加了许多这样与钱无关的沙龙活动,给我带来的快乐是不言而喻的,而在其中观察到的人、听到的事还和写作联系到了一起,使我的文章变得丰满、生动、鲜活起来。心中涌动的一些理念、观点也不再只有写书这一个出口,在沙龙中得到了交流与提升。"思想永存于交流当中"这句话的含义,我在交流中才真正体会。

我把参加活动当做事业来做,这时我才发现除了赚钱以外世界上还有这么多好东西,冥冥中我似乎找到了病根,好像也找到了解药。

这种生活方式改变了整整一年之后,我自己觉得身心发生了很大的变化,那种茫然、孤独、困惑、心如刀割的感觉像是上辈子的事了。大部分时间都处于一种愉悦的状态之中,我变得喜欢笑了,功利心减少了许多,对那些看起来不赚钱的事也充满了兴趣与好奇。在朋友眼里我不再那么尖酸、苛刻、喜欢争论、总想改变别人,代而是宽容、平和、厚重了许多。

我走出迷茫了,我觉得自己像一架飞机,已经过了刚刚起飞时的纠结时刻,进入到了平稳时期,能在蓝天高高地飞翔了。走出迷茫其实并不复杂呀!往往就是碰对了一个朋友或者做了一件自己喜欢的事。我感谢第一个带我参加沙龙的朋友,他叫杜岩,艺名阿婴,是中国著名的戏剧策划人。

后来我才发现这种迷茫期似乎人人都有,只是程度或轻或重,表现形式不同罢了。走出迷茫的方法也像老电影《地道战》中汤司令的那句台词"高家庄的地道,各有各的高招"。

我的好朋友唐师曾是著名的战地记者,在事业、爱情、疾病的压力下他也有一段陷得很深的迷茫期,那个时候我们经常在一起。他的方法就是行走,他戏称自己是行走作家,哪里有活动哪里就有他的长镜头,博客是在他迷茫期出现的一种网络平台,他把自己的所思、所想、所见、所拍都放到了博客上,粉丝数迅速攀升。他告诉我,他要用镜头和文字记录这个飞旋的时代。

做一件自己喜欢而且有意义的事,是走出迷茫的好方法。我和老唐虽然迷茫期的时段不同,处理方法也不同,但最终却都殊途同归。正像吴伯凡先生说的那样:"如果一个人一生有一种技能和一门爱好,他的人生不会太痛苦。"

迷茫是件好事情，它说明你还会有希望，将告别一个阶段迎接一个新的开始了，只有那些被历史完全甩下的人才没有思想上的黑暗期。迷茫期也是人生最多事的时候，各种感受和负能量都会在这个时期窜出来向你进攻，我们常常把迷茫妖魔化，甚至贴上抑郁症的标签，其实这种迷茫期和我们的身体更年期一样，是一条必经之路。小到个人，大到一个团队，甚至一个国家都有迷茫期。在中国人面临着巨大的社会变化和时代转型之际，我们的迷茫期会更加明显和剧烈，这说明我们的发展空间越来越大，社会发展越来越多元，正在日益与世界大潮接轨。

大胆地拥抱迷茫吧，那里有亮光，有希望……

标签是魔鬼

我们生活在一个
处处飞舞着标签的时空里，
一不留神就被贴上标签，
成了定格，
久而久之成了习惯，
没标签贴着就不知怎么做事了，
可这时你已经错了。

我曾为人民医院的院长杜如昱写一本传记，题目叫做《愿在丛中笑：我当院长十五年》（杜如昱口述，我执笔，非正式出版物），为写好这本书，我采访了大量与杜院长一起工作多年的同事，绝大多数都是医学领域里著名的专家，有些还在世界医学界颇有知名度，也正是有写这本书的机会，才使我有幸深入医院，在赞叹科学技术高度发达的同时，也深深体会到了白衣天使救死扶伤的白求恩精神。

同时又隐约感到那些让我们眼花缭乱的疾病名字，有些是出于商业目的制造出来的，有些是为了评职称，为了在学术上标新立异而设计出来的，这些病被人称为"人造病"。这些病的种类没有确切数字，有人粗略估计每年会有几万种"人造病"被制造出来，贴上这种"人造病"标签的"患者"有多少，更是无人知晓，有人说医生多了，病人才会多，制药厂多了，抑郁症就成了仅次于癌症的常见病。我们的身体被贴上各种标签，有些是别人给我们贴上去的，有些是由于我们自己对问题的无知或一知半解而给自己贴的，用一句今天的流行语叫"中标了"。

赵本山在春节晚会上演的小品《卖拐》，通过一系列的心理暗示让一个身体健康的人相信自己的腿瘸了，大年三十买了一副拐高高兴兴地拄着回了家。最有趣的是这个《卖拐》的小品后来还成了某 MBA 的销售案例。有一次我去听课，还是一位名家讲营销课程，他在讲商品定价时也不再讲成本加利润是价格，而是讲"猜"价，多少钱能把商品卖出去就是商品的价格，课堂上学生们问得最多的问题就是："我明明知道这东西是垃圾，但如何把它忽悠成黄金卖出去？"老师回答得也很直接："去看看本山大叔是怎么卖拐的。"全场大笑，响起了一片掌声。

制造和兜售标签，如今成了一门学科，它制造许多"伪概念"，让你相信这是真的，心甘情愿地去掏腰包。

有人说中国人的审美观是由导游决定的，导游说这儿是景点，我们就拍照；导游说这个背景最漂亮，我们就留影。我们的审美观往往又是具象的，一棵树，一块石头，一处海角，必须得像个什么东西，才能称得上景点，否则一文不值。

我们在旅游中经常会碰到这种情况，导游指着一块石头说："看那块石头像不像猪八戒背媳妇？"大伙儿一起说:"像",然后拥上去和八戒合影。导游指着另一块石头说:"像不像天仙?"大伙一起说:"像!"然后拥上去和天仙拍照。不仅要具象而且还必须得跟权钱结合起来,这才有了现实的意义,才算不虚此行。还是那两块石头,导游说左边那块石头,想当官的赶紧摸一摸,保你官运亨通;右边那块石头,想发财的赶紧摸一摸,保你财源滚滚。于是我们就拥上去,各摸各的,我们的审美观被标签化了。

无数贴着各种概念的标签在空中飞舞着,一是利用人性的贪婪,二是利用人们的恐惧,我们很容易在不经意间被标签的飞弹击中,用时间、金钱、甚至生命去为这些标签买单。

乒乓球也有许许多多像赵本山那样的"卖拐"高手,有形的无形的忽悠着乒乓球爱好者,仅是乒乓球拍子,市场上就不知道飞着多少种品牌,每一种拍子都会制造出一个动人的概念来。这款拍子硬,拉出的弧线低;那款底板软,适合直板横打……其中有相当一部分是为推销球拍设计出来的人造概念,和打好球已经没有什么实际联系。

我有一位球友不幸被玩拍子的标签击中了,总觉得自己的拍子不好用,他几乎把市场上流行的球拍都买尽了,试拍子从午夜一直到黎明,可至今还没有找到自己中意的拍子,他还在不断地寻找着新拍子。我认识一位乒乓球界的前世界冠军,退役后在做乒乓球器材的生意,他曾说过:"不造概念拍子卖谁去。"看他说那句话时窃喜的表情和狡黠的目光，我觉得我那位球迷朋友真可怜。

被标签击中的人有时候就像中了邪。

概念的力量是巨大的，我们生活在概念的世界里，伟大的理念把人类引向进步，荒诞的标签把我们引向歧途。特别是在消费主义盛行的商业时代，概念披上了科学的外衣，插上了利益的翅膀，早已经远离了科学的轨道，变成一双从你腰包里掏钱的那只"看不见的手了"。

今天成功也被标签化了，我们分别被贴上有钱人和没钱人的标签，一说到成功，人们立刻就会想到企业家、明星、大官，社会其他阶层的人似乎都不在成功之列，甚至专家、教授、学者今天在金钱面前也显得似乎不那么自信，到处去搂钱以抬高自己的身价。一个社会中亿万富翁终归是极少数的，一个制度让大多数人都是失败者，那就是衡量成功的尺度本身出了问题，制度有问题培养出来的人一定是病态的。

追求标签化的成功是很危险的事，它会在不经意间把很多优秀的人划在失败的行列，一个成熟的社会一定是个多元价值观的社会，不可能动不动就万众一心去干一件事，全社会只有一个价值标准。一个文明的社会也一定不会是人造标签满天飞的社会，我们要有一个基本的自信，不要轻易给自己贴上标签，不要认为一件事情不贴上标签做起来就无根无据。不要人云亦云，敢于质疑权威，勇于独立思考，在标签化的社会里保持一份清醒的头脑，在今天这是最重要的一种素质。

工业化思维是在规模生产集中管理下产生的，它一定要用各种各样的标签来进行分类，所以我们也往往习惯用工业化的思维来看待自己，而不是把自己看作独一无二的存在，这容易让我们忽略个性而注重标签，但忽略的东西恰恰是我们最根本的东西，那就把自己的灵魂抽走了，这是很危险的。而线性思维也容易让我们解决局部的问题而伤害了整体，而使生命的丰富多彩变成了贴上标签和完成指标的过程。

在中国金融博物馆的读书会上听易中天老师讲读书，互动时有一位台下观众问易老师怎么给自己下个定义，他想了想说："我不能说清楚我是什么，我只能说我不是什么，我不是文人，也不是学者，如果一定要给自己下个定义的话，我是一个人……"

易中天老师的这番话是不是能给标签化社会下生活的人们某种启迪呢……

好东西往往说不清

> 许多伟大的决定都是不假思索拍脑门拍出来的。

有一次电视上直播乒乓球赛，中国男队的总教练刘国梁作为特邀嘉宾来到演播室，当时马龙和张继科的比赛正打得激烈，马龙发了一个球，对方没有接好，直接失分了。刘国梁说马龙的发球和别的选手不一样，要更"冷"一些，解说员问怎么讲这个"冷"，刘国梁沉吟了好一会儿说："这个……不太好说……"

以前如果我碰到别人含糊地回答问题，一定会认为是对方也不明白，只是推脱之词罢了，现在我已经能理解"不太好说"这句话的深刻含义了。许多感觉用语言往往表达不清楚，或是一说就错。

为了把这个"说不清"说得清楚一点，我愿意讲几句自己所谓成功之后的心里话。

1993年当改革开放的春风徐徐吹起的时候，我创办了中国第一家性用品商店,取名"亚当夏娃",开业不久便引起了全世界媒体的关注,世界各大媒体几乎都在主要版面上给予了大篇幅报道,使我们这一家不足百米的小店迅速红遍了大江南北,我这个小业主也被称为企业家,晋升成功人士的行列,被收录到《中国二十世纪大事记》当中,和那些改变世界的伟人并肩同排,用现在的标准衡量这应该算是成功了。当人们问我是怎样干成这件事的时候,我讲了许多成功的体会,如何精心策划,如何看准时机,如何用胆量去嫁接智慧,为此作家出版社还专门为我出了一本书,书名叫《禁果1993》,几十万字,详细描述了创业的前前后后,一不留神竟然还成了畅销书。

然而二十多年后我可以很坦率地告诉大家,我们当时创业就是一个朦胧的想法与激情,对于性用品商店的概念既不清晰也不具体,更谈不上说清楚什么了,就是顺着自己内心的声音这么干了,其间碰到数不尽的困难,便也只有逢山开路遇水搭桥,如果当时我能想清楚、说明白,也许我就没有这样的勇气和信心了。

后来我要写书了,"说不清"是不能写出来好书的,不仅要说清楚,还要说得精彩,一些内容为了满足读者的好奇心,是经过加工和润色的,我愿在这里很坦率地告诉读者,如果你看完这本书后去创业我不敢说你会失败,但一定不会成功。

很多企业家今天成功了,回过头跟大家讲成功的道理,其中有些人和我写书的感受差不多，凭着一种感觉和激情就那么干了，他们自己也不知道后来会成功，到目前为止，我还没有遇到谁，当时就拍着胸脯说会成为今天这样的领袖。

当一种变化到来的时候，往往是在不知不觉中降临的，并没有什么"于无声处听惊雷"的仪式感。直觉好的人隐约感到了，顺着这种感觉做了，其中一些人坚定而又稀里糊涂地成功，事情干成了，鲜花掌声就开始围着你了，聚光灯下说点什么呢，为了满足别人无休止的提问和好奇心就开始编故事了，说自己如何巧妙设计，如何不为艰险攀高峰，听的人添油加醋写成书隆重推出，市场上就冒出了这么多讲成功的书，可真实的情况是怎么回事，只有他自己知道，应了史学家们经常说的一句话："只有事实，没有真相。"

公司招人的时候老板们都会有这样的体会，凡是表达清晰、口齿伶俐、出口成章的应聘者面试时一定会得高分，但在实际工作中往往业绩平平，有的应聘者少言寡语，你问一句他答一句，却往往在以后的工作中做出了成绩。

我们总以为说话头头是道、条理清晰的人是优秀的，而对于说话条理不清、面红耳赤的人往往会被嘲笑，连话都说不清还能干什么，现在这个观点该变变了。有些看似言语混乱的人是因为他们的脑子里同时涌动着很多念头，脑子太快嘴就跟不上，这个事说了一半又说下一件事，听的人觉得很乱不知道他要说什么,但他心里边也许藏着很天才的想法。而有些人讲话虽然条理清晰但事情本身没什么意思,这种人就不能说他是高人。

马云曾经说过这样一段话:"很多人对机会看不见,看见后看不起,看得起后看不懂,看得懂后来不及,当你看懂了也能说清楚的时候你就什么也做不了了。"做多数人能说清楚的事,却想享受少数人说不清楚的成功,这个观念害死人。

《三国演义》中的诸葛亮之所以让人们敬仰是因为他只能生存在小说里,现实中哪有什么料事如神的诸葛亮啊!把未来看得清清楚楚,还能说得明明白白,那他一定是被人包装出来的神。所以没有什么神机妙算的诸葛亮,诸葛亮一定是事后才有的,常言道"事后诸葛亮"大概就这么来的,事前诸葛亮只有孔明,是罗贯中《三国演义》中虚构的人物,历史上查无此人。

其实用语言能说清楚的东西很有限,说清楚了再去做就不是创业而是在出书,一个道理如果能用几句话清楚地说出来,还仅仅在线性的逻辑层面上,而我们的内心对这个世界的感悟,那种内心深处的旋律却往往是非线性非逻辑碎片式的,用语言难以说清,或者是一说就错,越说离事物的本源越远了。

打乒乓球的球感,炒股票盯盘时的盘感,写文章时的文感,医生看病时的医感,这些感觉用语言很难说清楚,它来自我们内心深处的一种高于具体物质的心理感应，是对我们主观上体察不到的各种潜信息、微信息瞬间迸发的灵感，并由此产生一种反应和流淌出来的旋律。要珍惜自己内心深处的这种旋律，这也许就是你要行动的开始。如果一个念头在你心中久久挥之不去，那就是你的灵魂告诉你该往哪走了，大胆地走下去，不要怕别人说你是异想天开、心血来潮。许多伟大的决定都是拍脑门拍出来的。

相信自己的第一直觉，那是属于你的真正的东西，不要刻意，一刻意往往就偏离事物的本质，而掉入自己的主观臆想当中，史铁生在《病隙碎笔》中曾这样写道："任何人都不是按自己的本来面目行事，而是按照自己对世界的理解去行事的。"这话有几分道理。

> "反贪"与"反恐"都是一辈子的事。

直面恐惧

恐惧和贪婪是人性中绕不过去的话题,"反恐"与"反贪"一样,也是一辈子的事。

业余时间打打乒乓球,是一件锻炼身体磨炼意志的好运动,可在我潜意识中,每次打球前都会被一种莫名的恐惧袭扰,总是想今天我能不能赢老姜,老何会采用什么战术,去球馆前心里总要慌乱一阵,有时甚至会把这种慌乱带到比赛当中。我曾无数次地告诫自己,不就是下了班大伙一起玩玩嘛,干吗弄得跟真的似的,我也无数次试图把这种莫名的恐惧感驱散,但它始终像影子一样跟随着我。

有一次采访张怡宁时,我特意拿出这个话题来向她提问,在电视上看她打球从来都是"冷面杀手"的形象,顺境当中面无表情,逆境的时候更是冷若冰霜,我以为这样"特殊材料"制成的人,经历了这样多的世界级大赛,她的内心世界肯定很强大，应该是无所畏惧的吧。当我问她比赛慌不慌时，她坦率地告诉我说："怎么不慌，慌啊！我们也是人。"原来她也慌。

乒乓球在很大程度上打的就是胆儿，特别是在关键时刻。

后来读的书多了，看的人也多了，才发现再坚强的人也有恐惧心理，许多伟人一生都在极度的恐惧中度过，只是我们不知道罢了。

回想起来我们其实一直是在恐惧中被吓大的，孩童时父母善意的恐吓，告诉我们再不听话大灰狼会把我们叼走，于是我们相信会有一只随时把我们叼走的大灰狼。这只大灰狼后来变成了我们对考试的恐惧，成年后变成了失去工作，衣食金钱匮乏，人们对你的批评，成就不够大，失去社会地位，被人讥讽歧视，痛苦和疾病，受人控制，甚至死亡……我们在和人交往时的恐惧，在和对手博弈中的恐惧，对工作中受到挫折的恐惧，到后来这种恐惧往往不是一件具体的事情，而成为一种思维习惯，让我们生活在一种莫名的恐惧氛围当中。我们担心房价会上涨，出门的时候想门是不是没锁好，煤气是不是关了，总要回来看一看才放心，回来的时候又要想车是不是锁好了，上了电梯也要回去看一看。有人说这是人年纪大了的一种恐惧，可后来我发现有很多年轻人比老年人的恐惧感还要大得多。整个民族从小就在恐惧当中惶惶着，我们总是千方百计地逃离开,却始终没有逃离过。

恐惧这个魔鬼就这样在我们心里藏着,它经常会在你需要顶起的时候偷袭你,使你恐惧慌张,思维停顿,语言混乱,而且往往是身不由己,越是在紧要关头恐惧这个魔鬼就会向你袭击得越厉害,这个魔鬼既来自人的本性,也和我们从小受的制造恐惧的教育有关,以致让我们一生都在莫名的恐惧中度过,使我们的内心变得怪癖、扭曲而阴沉。当代的环境使每个人都成了心理病人,都会被一只看不见的恐惧之手操控着。

媒体也对人的恐惧感起着推波助澜的作用。在以前资讯不发达的时候,人们对这个世界了解甚少,那时我们对生活的看法是直接的,最多也就是在马路边上听别人说上几句小道消息。可今天信息爆炸的能量超过了原子弹,地球任何一个角落发生的事情在几秒钟之内就能让所有人知道,再加上人性中"好事不出门坏事传千里"的特点,媒体为吸引眼球所做的刻意渲染,使我们觉得这个社会到处充满了杀戮、饥饿、战争,人类末日到了,地球将要毁灭这样的观点都增加了现代人的恐惧感,使我们生活在一种对恐惧莫名的云状态中。

我们所谈的恐惧分为两种,心理的恐惧和身体的恐惧,身体的恐惧是由动物性遗传而来的自然反应,比如我们看到流血、暴力都会本能地感到害怕,这点人和动物没什么区别。有些医学家认为,人体内胆脏的大小决定着一个人的恐惧程度，有的人胆长得比别人大，他的胆量就会比别人大一些，个别人还能胆大包天；有的人胆脏比别人的小，做起事来就会胆小如鼠。这个观点虽然没有得以验证，但人和人之间的胆量确实有很大的差别。

第二种恐惧是心理恐惧，这是人类所特有的，是不是和胆囊有关无据可考，但有一点可以肯定，不管你的胆囊有多大，想去掉恐惧感是不可能的，人类目前没有发明一种药能够让我们不去恐惧。

恐惧给人类带来的灾难有时比自然灾害还多。

可当你试着把你恐惧的事情写在纸上，你会发现你写下那些令你担心的事情绝大部分都没有发生，是自己虚构出来的，"天下本无事，庸人自扰之"这种切身体会我们人人都有。

当你对你所恐惧的事情有所了解之后，你会发现它并没有想象中那么可怕，恐惧大都是由自己心里的念头而引发的，你不妨亲自观察一下，等到念头一起，恐惧才由心生，当你正在专心应付某种危机时，你并没有恐惧感。

印度著名哲学家克里希那穆提在他的《重新认识你自己》一书中是这样描述恐惧的："如果想和恐惧这样活生生的东西共存，需要一颗极其细微的心，它不下任何定论，因此才能随时顶住恐惧的行踪。你只要观察它，和它共处，你会发现原来观察者本身就是恐惧，你一旦了悟这个事实以后，就不会再枉费精力去斩除恐惧了。"

既然不能战胜恐惧那就学会带着恐惧生存吧。最好方法就是直面，实事求是地对待身边所发生的每一件事情。用一种平常心淡然地接受有可能发生的一切，在日常生活中修炼自己的定力，虽不能修炼成泰山毁于前而面不改色的境界，但也至少要做到从容淡定，遇事不要慌慌张张，吃饭、走路、说话都尽量慢半拍，古人对走路快的人是看不起的，认为没出息，要徐行缓步才显得稳当庄重，所以电影中上早朝的大臣们都迈着四方步慢慢地走，也可能是为了战胜见到皇帝的恐惧感而设计出来的一种宫步。

不要被媒体上所渲染的事情所迷惑，媒体把小概率的事情集中起来，新闻界有一句口头禅"事情真实不真实没关系，有新闻就行"。所以我们不能不信也不能全信，要有一定的"媒体戒读力"。

把恐惧转化成动力是我们人生的一项必修课，有位哲人曾经这样说过："成功来源于恐惧。"因为恐惧，我们做事情要加倍小心，风险被降到了最低，因为恐惧，我们做事情会十二分的努力，会焕发出平日没有的力量和热情来。所以恐惧也是一把双刃剑，是好是坏就看你怎么去运用手中的这把剑了。

现在我打球到关键时刻心里还会慌，手也情不自禁地发抖，但心里终究踏实了许多。对未来可能发生的亲人离去、疾病缠身、甚至死亡等这些人生难以绕过的苦难，我仍旧心存恐惧，但我的内心却时刻准备着迎接它的到来。

心是一部收音机

> 我们现在的一切都是思想的结果，
> 建造好自己的心理频道，
> 让它经常在阳光的波段上。

打乒乓球的时候，在赛前我经常会下意识地去想，这场球我可能会输或者是赢。有时候甚至能想出输赢的比分来。我自己也经常觉得好笑，比赛还没打呢，怎么可能知道结果，这不是成了世界杯足球赛上出名的那只"章鱼哥"了么？不可思议的是最后的比赛结果有许多跟我赛前想的一样，不仅仅是输赢，有时甚至连比分都很接近。

球友们打球也都有这样的体会，两个水平相当的对手打球，关键赛点上一个人心里闪过一丝犹疑，心想这是关键时刻，这一分球我可别输，丢掉这一分整个比赛就输了。只要这个别输的念头一闪，往往这场球就真的输了。

我一直不知道这种心理现象是怎么一回事，却一直被它纠结着，想和它做斗争，却从来没斗赢过。

作家朗达·拜恩在《秘密》一书中对这种现象有独特

的解释，我一口气读完它，心里觉得透亮了很多。

书的作者认为，在我们的潜意识中就有这样一个意识的雷达，这个雷达会帮助你去搜寻心理频率上的事情，我们人像是一个外界信号的接收器，在这个地球上同时飘着各种信息，美的、丑的、光明的、黑暗的，你把频道调到什么波段上，就会接收到什么样的内容，你心中的频道在阳光的波段上，那你接收的就是欢乐，你心中的频道经常在负面波长上，那你接收的就是阴暗，所以一个人有什么样的心理频率是很重要的，现代学者称这种现象为"吸引力法则"。

当我们想要做成一件事的时候，你每天会向着你选择的这个方向去想，如痴如醉乐此不疲，最终你也许就真的会成为那样一个人，真会梦想成真，你想象得越持久越具体，你心想事成的概率就越高。有人把这个法则与牛顿的万有引力相提并论，究竟有没有那么伟大似乎要由后人评说，但有一点是共同的，21世纪《秘密》的作者和19世纪的伟大科学家牛顿都相信上帝的存在。相信上帝能听到我们心中的声音，牛顿晚年潜心于对神学和上帝的研究，直到他离开这个世界。

英文"好"Good是由"上帝"God加上一个O演变来的，这个演变告诉我们，上帝能听到和"好"有关的声音，而听不见"不"这类的否定词汇。比如说明天你有一件十分重要的事情要做，希望明天有个好天气，如果你这样祈祷"上帝明天请赐给我一个晴天",上帝能听到"晴天"这样的正面词汇,说不定就赐给你一个蓝天白云的大晴天,让你顺顺利利地把事情办了;如果你祈祷说"上帝啊,明天千万不要下雨",上帝听不见"不要"这个词,而只能听到后边的"下雨",第二天也许真的就是阴雨绵绵。

看来上帝也喜欢听好话。

调节好我们的心理频率知易行难,当我们被负面信息的子弹击中之后,我们知道自己的心理在不好的波段上,也想把我们的心理频率调到好的波段上去,但许多时候却调不过去,而且常常越是想往好处调,陷得反而更深,我们后悔、愤怒都无济于事,我们抱怨上帝不灵了。

怎样让自己的心回到正向的频道上来,方法多种多样,总有一款适合你。我的体会是:用一种方法和这种负能量对冲,去做一些积极的事,比如去打一场球出身臭汗,看一场好的演出自我感动一番,参加有意义的沙龙,找好朋友谈天说地聊上一通。向人微笑也是一种很好的方法,如果能捧腹大笑一番不好的心情就会烟消云散,中医认为人在笑的时候气随着张开的嘴角往上走,任督二脉随之打开,人的心理一定是在积极的频率上。这些都是转换频道的好方法。

毛泽东曾这样说过:"我们的同志在困难的时候要看到成绩,要看到光明,要提高我们的勇气。"他率领着一批二三十岁的年轻人,在极端困难的环境里相信自己能够建设一个社会主义的新中国，用今天的话说就是把频道调到积极向上的这个波段上了，他们在几乎被消灭的时候，仍然从心底相信中国革命能够成功，事情还真就干成了。所以当你不断地朝积极的方面去想，而且想得很强烈很具体时，事情有时真的会朝你想的方面发展，奇迹就有可能在这个波段里发生。

福特汽车公司的创始人曾说过这样一句名言："我们现在的一切都是思想的结果。"

如果这些方法都用尽仍不能让你的心态好转的话，选择与负能量共存也不失为一种好的方法，负能量就像是个大皮球，你越使劲拍它，它蹦得越高，你不理它，它也会觉得无趣，在床底下老老实实地待着。

著名作家马原先生，在他55岁那年得了肺癌，他积极配合医生治疗，吃药、化疗样样不少，当这些高科技手段用完之后，他的病情仍不见好转，人比黄花瘦，来日似乎已经不多了。这时候他做出了一个大胆的决定，终止所有的治疗，卖掉上海的房子，和妻子一起去海南一座风景秀美的山上，买了一处房子，种了一块地。在呼吸新鲜空气的同时，他每天会对自己身体上的癌细胞说："亲爱的，我们讲和吧！我不杀死你，你也让我活下来。"他每天都和那些比人还聪明的癌细胞喃喃自语，5年来从未间断过，后来他去复查，让人惊讶的是他的病竟然在每天的叨唠中彻底好了。他把这段神奇的经历写成了一本书，书名叫《纠缠》，意思是：如果不能消灭敌人，就选择与对手纠缠，谈判、共存、甚至相爱。这种所谓纠缠就是和平共处，锅里有饭大家吃，都别掀翻八仙桌。

转换心理频道归根结底还是一个"技术活"，有人称为"向上帝下订单"。

在我家对面有一座外国传教士留下的教堂，"文化大革命"中被红卫兵小将们把所有教堂的尖顶都推倒大半，那时我只有6岁，也跟着大人们一起欢呼雀跃，以后这座教堂一直被当做工厂，彻夜机器轰鸣，这种轰鸣声一直持续到上世纪末，最近我看见它又被恢复了原貌，像是一座重新装修后的房子，静悄悄地立在马路边上。周末我常会看到有三三两两的人从里边走出来，他们脸上带着轻松的笑容，眼睛里闪烁着希望的光。

医学上有个"安慰剂效应"，指在不让病人知情的情况下服用完全没有药效的假药，病人却得到了和真药一样甚至更好的效果。不管上帝是否存在，只要它在人身上起正面作用，那就让它去吧。

一张球台两种思维

"一唱雄鸡天下白",
但鸡叫不叫天都要亮,
如果鸡认为天是自己叫亮的,
那就太幼稚了。

"山不在高有仙则名,水不在深有龙则灵"。球不在大小,只要涵盖了体育的全部元素,一样可以经久不衰,照样轰动全世界。

乒乓球除了覆盖了体育的主要元素之外,还有其自身特点,就是线性思维和非线性思维比较均衡,而且二者都比较典型。

人的思想千变万化,但大致上可分为线性思维和非线性思维两种。线性思维又称逻辑思维,它的特点是条理清晰、层次分明,有论点、有论据,主题鲜明,论述严谨,讲究因果。古希腊文明的欧式几何学严密的推理,早已成为逻辑思维的鼻祖,特别是在文艺复兴之后,逻辑思维更成为一种主流的思维方式,诞生了法律、数学、逻辑学,西方工业革命更是在逻辑思维中取得了无尽的财富,多少年来一直被作为思想的主要工具，教育的主要内容。

而现在出现的非线性思维则不同了，它是以一种非逻辑、非文本、非条理为主要特征的思维方式，其特点是发散、跳跃、跨度大，没有太多的逻辑与条理，闪光点却隐埋在这些看似混乱的云雾之中，讲的是相关性而不是因果性。比如"一唱雄鸡天下白"，鸡一叫天就亮了，但鸡叫和天亮却不是逻辑与线性的关系，鸡叫不叫天都会亮的，如果鸡认为天是自己叫亮的那就太幼稚了，这就是相关性而不是因果的必然联系。非线性思维认为推理和规律的作用很有限，未来不可预见，是由许多偶然因素汇集而成，而偶然是不能推理的。

我们开始学乒乓球时，往往是从逻辑思维出发的，每个动作都要讲究规范，战略战术布置也要条理清晰，逻辑性强，有前因有后果，环环相扣。在打到一定的高水平之后，我们会发现仅靠逻辑思维打球，它的覆盖面很有限，在逻辑思维之外，大量的非条理、非逻辑、非线性的东西在乒乓球中起着更加重要的作用。

我们在打球前一般会根据对手的情况设计几套战术，甚至在打每个球之前也会想一想这个球应该怎么发，对手会回到什么位置，但打完之后我们会发现我们所设计的战术往往和实际相差甚远，对手打回来的球经常会在我们意料之外，需要我们在瞬间做出反应。我们经常听选手下场后抱怨，这场球怎么打得这么乱呢，预先设计的战术为什么没有奏效,而比赛当中出现的一些球在平时训练中是不会出现的,对于擦边、擦网这样的运气球在比赛中出现了多少,两个水平相近的对手谁能取胜,我们主观都无法预测,这都是在非线性思维里所研究的问题。

逻辑的与非逻辑的,理性的与感性的,线性的与非线性的,一个硬币的两面共同构成了乒乓球的全部,也成为我们思维方式的两面攻。

不仅是乒乓球这样的体育项目,世上几乎所有的事都是线性思维和非线性思维的结合体,只是两种思维出现的概率不同、顺序不同罢了。这两种思维交替出现,时而对立,时而交融,共同构成了这个五彩斑斓的世界。

以前由于政治环境、教学体制和文化限制等诸多因素的影响,我们往往把逻辑思维作为我们思考问题的唯一方式,赞美唯物主义,批判唯心主义,动辄就论证、演绎、推理,当我们历尽艰辛掌握了这套思维方式以后,发现它在实际中并不那么好用,我们按照逻辑公式推演出来的东西往往和实际情况南辕北辙,许多问题似乎根本没有解,于是我们对真理本身产生了怀疑,开始了实践是检验真理标准的大讨论,发出了"理论是苍白的,实践之树常青"的感叹。

当人类进入信息时代的今天,我们渐渐地意识到,在这个无穷变化的世界面前,我们单靠逻辑思维的方式去思考问题得出的结论也许没错,但视角太窄,这种思维本身有局限，许多东西也只能停留在理论上，比如几何学中的点，牛顿定律中的匀速直线状态，这都是人们抽象出来的定义，实际当中是不存在的。

随着信息时代的到来，以非逻辑、非条理、非文本为主要特点的碎片式思维方式日益崛起，这种非线性的思维方式更注意问题的相关性、随意性和不可预测性，微信、微博这些碎片美，向千百年来传统的逻辑与条理挑战，发展之迅速使我们应接不暇，撞击出的那幅宇宙般的图景，裂变成的无数碎片，让每个人都会感到震撼。

尽管许多传统的道学士还在对非线性思维指指点点，但这个时代还是不可避免地到来了。我们的生活方式也随之发生了变化，让我们感到有些茫然、混乱，观念上乱、思维上乱、语言上乱，这个世道也似乎真的有些乱了。

其实不是这个世界乱，而是一种新的思维方式打破了原有思维方式统治多年的思想帝国，观念的转变是最伟大的转变，世界大的动荡和变化，都是从转变观念开始的，而思维方式的转变又是各种转变之首。

伟大的思想通常是在混乱中产生。

据说乔布斯就是个不守规矩的人，他随性而为，固执、偏执，在电梯里开除员工，而且从来不守时。乔布斯用苹果帝国改变了世界，这里逻辑性固然起着很重要的作用，但苹果真正的成功却是在非线性思维上放出来的光芒。乔布斯本人大学没有毕业，在他最痛苦的时候只身到印度去修禅，他擅长的是书法，而不是电脑芯片。

我们不要因为自己思路清晰，而瞧不起那些思维看上去有点乱的人，也许这种看似无逻辑的混乱更贴近世界本身，而清晰往往却只能生存在书本和想象之中。乱是常态，清晰是片段；随机是常态，条理是偶然。在这个无序的世界里，过分强调逻辑与清晰，会捆住我们的手脚，在线性思维的"一目了然"中我们自恋与自闭。

西方文明伴随着枪炮和科技，在今天已经完全改变了我们的生活，逻辑思维也成为一种主要的思维方式，时时刻刻地运用在我们的生活当中。然而今天，当非线性思维伴随着信息文明的曙光降临的时候，我们会把目光从掘取财富转到探索丰富的内心世界，非线性思维也将成为一种重要的思维方法伴随着人类走向漫长的未来。

科学与宗教，条理与碎片，清晰与混沌，唯物主义与唯心主义，将携手拥抱，共同探寻这个神奇的世界，而我们也有幸能够站在西方文化和东方文明的交汇点上去仰望星空了。

信念的力量

> 信心是什么并不重要,
> 关键是你信什么,
> 没有信念的人生,
> 就像一条没有方向的船,
> 任何风都是逆风。

在书中读到这样一个故事:一个师傅带着几个徒弟去远游,在一片原始森林中迷了路,师傅又不幸染上了疟疾,临终前师傅把一个木箱子交给了他的四个徒弟,告诉他们说:"箱子里放的是能够保佑你们走出这片森林的宝贝,无论碰到什么困难都要保护好这只箱子,只有走出森林才能把箱子打开。"说完师傅就与世长辞了。

四个人牢记着师傅的嘱托,抬着这只沉甸甸的箱子朝前走,没有饭吃没有水喝,蚊虫叮咬,道路泥泞,他们一直没有放下这只箱子,但每个人对箱子里的东西却不免有些好奇,大师兄想这里边一定是经书,走出去我一定饱读经书、修书念佛。二师兄想这里边一定是银子,如果能活着走出去我一定去做一个好商人。三师兄、四师弟对箱子里的东西也都充满着遐想。终于有一天他们走出了森林。

当他们满怀激动地打开这只期待已久的木箱时才知道箱子里装的是一堆石头。

这就是信念的力量,因为这四个徒弟一生相信师傅的品德与修为,相信师傅在临终前托付给他们的一定是最重要的事情,相信只要他们不放下这只箱子就能活着走出去。设想一下,如果他们知道箱子里装的是石头,如果知道这是师傅为了让他们出去而在这一生中撒的仅有的一次谎,他们还能走出这片森林吗?我想应该是走不出来了。他们的信心会动摇,而且他们之间会产生分歧,甚至会产生内讧而自相残杀。但支撑他们最终走出这片森林的是什么呢?竟然是一箱沉甸甸的石头。

这个故事也许是虚构的,但凡是打乒乓球的爱好者们都会有这样的体会,当一场比赛开始前你信心十足的时候,你赢对方的概率就高,换句话说你就有可能赢,但当你上场前如果你信心上略犹疑,哪怕是一秒钟的不自信,心里嘀咕一下,今天就有可能会打不过对手,你就必输无疑了。两个对手水平越是接近,这种心理现象就越明显。心理学家称这种现象为"墨菲定律",管理学家称之为"皮格马利翁效应",用温家宝总理的一句名言就是"信心比黄金重要"。

我们生活在一个信息爆炸的年代,各种新思想、新技术层出不穷,就像歌词里唱的那样"像雾像雨又像风",一片云飘了过来又很快散去了。多元的社会很难形成像那四个徒弟那样统一的信念,而当代社会告诉你最多的就是一句话"我不信",你说中医好,马上有人告诉你西医比中医好;你说西医好,又有人告诉你要去看中医。于是人们开始怀疑了,人们从来没有像今天这样怀疑过,在改革开放30多年后,人们的信心却崩了盘,碎片化、零散化、浅薄化的思潮把人们带向了茫然的大海。我们的日子从来没有像今天这样好,但我们的信心也从来没有这样低迷过,社会上出现了这么多光怪陆离闻所未闻的现象,归结起来就是一点,我们有了短信、飞信、微信,但是我们没有"信"了,信念、信心、信任……

信念是我们前进的灯塔,它也许不能明确告诉你该怎么走,但能告诉你一个大概的方向,我们坚定不移地沿着这个方向走下去,虽然不一定保证成功,但至少可以让你的人生变得不那么六神无主,能够坚实而有力量。在有些时候,这个信念本身事后看起来是错的,或者境界不那么高,但也比没有信念要强很多倍。

有位哲人说过:"信心是什么不重要,关键是你相信什么。失去了信念,人生就像一条没有方向的船,任何风都是逆风。"

10年前播过一部电视剧叫做《士兵突击》,一下子火遍大江南北。这部电视剧热播并不因为它有多高超的艺术水准和扣人心弦的故事情节,它只告诉了人们两个字"我信",在主人公许三多那种较真儿的执拗中,在那种傻得近乎矫情的故事里我们看到了信念的力量。三多的一句口头禅"做有意义的事"使无数年轻人为之倾倒,为此还出现一个新词汇叫"三多迷"。一直到今天我和这些三多迷们谈论许三多时仍然还会有这样一种感受,那就是"我相信"。

在你能做成事情的元素中,"相信"是最重要的元素。"信则灵",这句话流传了几千年,今天显得更重要。

我有三位企业家朋友在2013年成功登顶珠峰,一位叫王巍,中国金融博物馆理事长,也是著名的企业家,江湖上称他为"并购之父";一位叫方泉,是杂志《融资中国》的总编,也是著名的投资高手;还有一位女企业家叫王静,她是"探路者"的创办人之一。他们在畅谈自己攀登珠峰的体会时,都不约而同地谈到,攀登珠峰技术和体力最多占50%,其余都是靠信念和信心,特别是在爬到7500米以后,眼看珠峰就在眼前,可这时大家的体力也基本耗尽,靠的就是一定能冲顶的信心。方泉经常爬到7000多米的营地即将冲顶时上不去了,大家问他为什么这样,他总是回答信心不够,所以他在山友圈子里以放弃著称,为此他还有一句名言"放弃比坚持更可贵"。但这一次他成功登顶,原因很简单,他看到和他一起登山的王静攀上珠峰了,心里不服气,这么一个瘦弱的女性都能爬上去,我一个大男人怎么能服输。他鼓起勇气向自己的生理极限发起挑战,历尽艰辛,终于在他无数次放弃之后爬上了珠峰。他告诉我这次爬山回来他瘦了二十多斤,如果不是王静成功登顶给他增加信心的话,他可能又会习惯性地放弃了。方泉个子不高,看上去也很斯文,不像王石、王巍那样属于硬汉形象,如果不是亲眼所见很难相信他能够攀上珠峰。

信念是一种能量,能做出连你自己都觉得吃惊的事情。信念是一个力大无比的巨人,他可以创造出令人难以置信的奇迹。

歌德说:"信念是储蓄在自己家里的私人资本。"法国著名作家罗曼·罗兰曾这样说:"最可怕的敌人,就是没有坚强的信念。"人生到底是喜剧收场还是悲剧落幕,是丰富多彩的还是无声无息的,就全在于这个人到底有着什么样的信念了。也就是说他用什么样的信念来面对人生,就决定了他的现在,也决定他的未来。

在今天这个科技飞速发展的年代里,人们什么都信,但又很难相信什么。在这种似有非有之间我们茫然了,道德底线被不断突破,信仰出现危机。很多人住进了高楼,开上了好车,兜里揣着几辈子都没有过的这么多的金钱,但信念却一天天少了。所以在夜深人静的时候,我们是否可以敞开心扉问问自己:我有信念吗?我还相信什么?然后迎着黎明坚定地向前走去。

信念是一种无坚不摧的力量,可是信念不可以是盲目的,如果你本身就不坚持某种信念,或者说周围的环境已经注定了你所坚持的信念不可能实现的话,一定要敢于放弃,千万不要固执到底。

看不见的地方

这个世界上还有另一个伟大，就是心甘情愿去做别人看不见的事情，像"大城市思维"……

有一次在球馆打球，一位家长坐着轮椅带着自己的女儿来练球，球练得很好看，一个正手定点球能够轻松地打上几十下，家长一边在旁边看一边不停地说："在这练得挺好，怎么一出去比赛就输，这还怎么进重点中学。"再看那小女孩一脸的茫然和委屈。教练则对家长说："孩子球打得不错，基本功不是一天两天就练好的。"

懂球的人都知道这种练法是打给家长看的面子球，站着不动一个定点球往往能打上几十板，表面上好看极了，但在实战中却派不上用场。家长不懂球，以为回合多就是球打得好，孩子更不知道，觉得只有跟教练打球时才能打得舒服，和别人打比赛总觉得很别扭，久而久之会对教练产生依赖。教练赚钱了，但一个世界冠军的好苗子可能就在这种刻苦练习的幌子下被扼杀掉了。

球打到一定水平的选手都知道，乒乓球脚上的功夫比手上重要，内功比外功重要，意识比技术重要，但前者不能立竿见影，只有达到一定高度时，才能显示出这些平时看不出的功夫的重要性来。按小时收费的教练等不到那个时候了，他们只要在短时间内教会孩子们一些华而不实的花架子，家长高兴就买单了。就像有的医院给病人治病，用最贵的药并不是为了病人，而是做给家属看，医院赚了钱，家属尽了孝心，病人用生命为这些花拳绣腿买了一张大单。

有一天，我去国家乒乓球队看队员们练球，当我走进训练馆，近距离地看到这些在电视上十分熟悉的国手们时，给我印象最深的是马龙、王皓、郝帅、王励勤，这些国手们的神情都显得有几分"木讷"，目光清澈又略带着些朦胧，从外表上看似乎有点"傻呆呆"的。刘诗雯可以称得上国家队的小天使了，不仅球打得好还是个美丽的姑娘，在球场上飞来飞去的样子很可爱，许多球迷都很喜欢她。可在眼前看到的刘诗雯却是长时间一动不动地坐在挡板旁边，如果不是她中途接手机嘴和眼睛动了动，真就像一尊石雕。但这些顶级国手们只要站到乒乓球台前拿起拍子，个个都会显出超乎寻常的敏捷，打出的球无论是力量、落点、速度，真如同有神相助，让在场的球迷看得"傻呆呆"了，惊呼这是怎么练出来的啊。

等看完训练我才发现，他们在后台吃的许多苦是我们在电视机前根本无法看到的,尤其是体能训练要举杠铃、仰卧起坐、拉弹簧、转体训练,每天要做成百上千次。练一个项目周围就是一圈汗,而且常年这样训练,这是我们业余选手看不见也做不到的。

我有幸和国手们打上几盘球,最深的体会是他们打来的球似乎也是平平常常,如果你事先不知道他是世界冠军,你甚至会产生错觉,这球很普通。但真打下去你就会感到这些看似普通球的速度旋转和业余选手完全不一样,球中蕴藏着极深的功力,不是冒高被对方一板杀死,就是下网出界自行了断,一盘球打下来能得一两分就不错了。我请教这些世界冠军们怎样才能练好球,他们告诉我,从表面上看我的各种动作也不错了,但身体素质不行,国家队的体能训练要把每一块肌肉都练出来,这些在球台上是看不见的。

古人说诗的功夫在诗外,诗外有什么,那天我似乎明白了些……

说来也巧,那天看完国手们训练,回来的路上正赶上2012年7月21日北京那场有名的大雨,当时我坐在车里并没有感到雨有多大,远没有到狂风暴雨的可怕程度。马路上虽然有一些积水但我们的车仍然可以行驶。这样的雨在南方经常遇得到,可在广渠门立交桥下的一辆越野车被泡,后来竟然把司机淹死了。网上调侃说北京富人的标准变了,不是奔驰宝马而是要去买游艇。

这些年北京建起无数直指天空的高楼大厦，规模和霸气早已和美国的纽约、日本的东京平起平坐，但我们的地下排水系统比国外落后多少年，只有天知晓，因为那是在地下，是在人们看不到的地方，不仅看不见而且费功耗时最大。许多中国人第一次看到让人惊叹的下水道，还是在上个世纪80年代的法国电影《悲惨世界》里，在19世纪巴黎的下水道建得就像一个地下山洞，人在里边显得那样渺小，而那是200年前的巴黎了。现在纽约、东京的下水道里面可以并排开两辆卡车，有的地方还开辟出来供游人参观，所以我们从没有听说过纽约、东京有下一场雨就淹死人的事情发生。设计者们在规划城市的时候，考虑的不仅是地上建筑如何气派，外观华丽的面子工程如何吸引眼球，而是把许多钱都花在了地下，在基础设施上给城市未来发展留下了很大的空间，建设者也不会像地面的建筑设计师那样，因一栋造型新颖的"鸟巢"而一举成名，但他们仍然会千方百计地把它做好。

这种思维方式被称为"大城市思维"。这就是为什么欧洲的教堂大都用石头砌成，德国的科隆大教堂一盖就是几百年，最初的建造者们根本看不到结果，但他们仍然会兢兢业业地去做，因为他们相信神是能看见的，意大利人经常会随便指着地上的一块石头告诉你，它已经有几千年的历史了。而我们的宫殿大多是木头做的，这个皇帝不喜欢一把火烧了，过几年一座新的又盖好了。

我们喜欢做表面文章，讲求立竿见影，习惯于为了眼前利益而把麻烦留给明天，我们号称是神州之国，但事情都是做给人看的，从卖假药到造假酒，从盗版碟到地沟油，造假之风刮遍神州大地，中国人民不信神，只要没人看见就什么都可以做。所谓"家家藏私酒，不犯是高手"。神是不是看得见，就管不了那么多了。

母亲的眼睛不好，为了照顾她的生活我为她请来一个小时工。我注意到大多数保姆很会做表面的活，主人能看到的地方都做得很热闹，看不见的地方糊弄一下就算了。有一次来了一个湖北中年妇女，她扫地时，把门后床下也打扫得和大厅一样干净，我问她"那些地方我母亲平时根本看不见，你为什么还要扫那么干净"？她一边低头洗菜一边对我说："我们老家村里有一座庙，菩萨很灵的，村里人过完春节出来打工时都要去敬香拜佛，我们在外边做了什么佛都知道。你妈妈眼睛看不见，可天看得见啊！"她只读了小学一年级，除了自己的名字她不认识几个字。这几句带着老家口音的话令我肃然起敬，从那以后我深夜过马路一定要走人行横道，没人看见的时候也决不随地乱扔东西了。

世界上有许多种伟大，叱咤风云扭转乾坤当然可以称之为伟大，但在这个世界上还有另外一种伟大，那就是心甘情愿地去做人看不见的事，这种伟大没有存在于聚光灯下，却永存于我们内心深处看不见的地方。

如今核心竞争力已不是什么新词了，性格、能力、思想、见识、视角、行动、坚持力、创新力都可以成为一个人的核心竞争力了，后者作为软实力和硬实力的不同点是，硬实力大多是学来的，看得见摸得着；软实力属内功是修来的，看不见摸不着，花的功夫深见效却很慢，但博弈的最终胜负往往体现在这些看不见摸不着的软实力上。

在众多种核心竞争力中，内功是最难练也是最厉害的。有人说这是一个最好的年代，也有人说这是一个最坏的年代，两种观点争论不休。其实仅用"好"与"坏"来形容今天的这个时代很是浅薄。但有一点不需要争论，那就是这是一个太重表面包装、过于投机取巧的年代。做短线讲投机，击鼓传花、假大空的思维方式成为这个时代的主旋律。

有位哲人说过，我们的汉字"人"字，是由一撇一捺组成的，就是说我们对人的理解是要在别人看得见的前提下才能显出自己的价值来，这就是所谓的"做人"，看得见与看不见成为我们做人做事的唯一标准。能做到衣锦还乡自然是一件光宗耀祖的事情，在显摆中找到自己的价值，也无可非议。但能做到锦衣夜行，穿着十万块钱的衣服走夜路而不觉得遗憾则是一种更高的境界。

许多看不见又能感觉到的东西总是有些说不清，乒乓球的内功就属于这一类，略带点玄味道，但又是一种巨大而无形的力量。有人说内功是蕴含在人体里的一种气，也有人说内功是人经过长期修炼而获得的一种能量，是物质还是意识，至今科学界没有权威的解释，但我相信内功一定不是张扬与浮躁的产品，而是一种心灵的内敛与苦练、智慧与信念的结晶。

修炼内功的方法多种多样，金庸小说中的令狐冲通过剑道，扬州八怪郑板桥通过书画，指挥大师小泽征尔通过音乐，都可以把自己心智的内功修炼到极高的境界，方式虽各异，但有一点却相同，那就像明朝吕坤在他的《呻吟语》中所说的"天下万事万物之理都是闲淡中求来，热闹处使用，是故，静者动之母"。

敏感力与钝感力

> 有位哲人说:
> 人有两个心房,
> 一个装着聪明,
> 一个装着坚强。
> 他给自己的孩子起名字叫"敦敏",
> 敦实和敏锐一个不能少。

在一次中国金融博物馆举办的读书会上,英才杂志社社长宋立新做主持人,她是业内业外公认的美女社长,不仅容貌冰清玉洁而且气质高雅,才思敏捷又妙语连珠。她一上场先拿自己调侃起来,说自己是一个"二百五",接着又调侃说自己是个快到更年期的傻"三八",这还不够,还要加上一个"二",一共是"二百九",总之傻青青的词她都占全了。这种自嘲式的调侃一出口,全场掌声笑声连成了一片。

笑过之后我转念一想,男人也好女人也罢,要做到"二百九"还真不容易,还真的有点《士兵突击》里许三多的轴和《阿甘正传》里阿甘的傻劲儿才行,这样才能有效地抵御生活中太多的负能量,让自己的一天快快活活的。

有的学者把这种"二百九"的状态称为"钝感力",是人所具备的诸多能力的一种，可惜的是我们对钝感力的培养不像对其他能力那样重视。许多能力都是从小培养起来的，年龄大了再培养难度就大了，钝感力也一样。

我发现大凡喜欢打乒乓球的人敏感力都很好，因乒乓球本身是一项重点锻炼人体反应的运动，要在零点几秒之内判断来球的方向、速度、旋转并同时做出回击，这几乎把人的反应逼到了极限，长期坚持这项运动的人比不打乒乓球的人反应速度要快很多。手里的水杯不小心被人碰掉了，常打乒乓球的人能在刹那间接住，或者至少也能用脚把杯子垫一下，不会直愣愣地让杯子摔在地上碎成几瓣。这种刹那间的反应，事后连自己都禁不住叫好。

如同任何有效的药物都有副作用一样，人的一项能力强，它所带来的副作用就是另一项能力弱。乒乓球锻炼了人的敏感力，但钝感力相对就弱了，不像拳击、铅球、举重运动员那样有着较强的抗击打能力，有一种超乎常人的钝感力。敏感力强的人，一缕春风、一丝细雨都会在心中引起涟漪和波澜，有时人的一个眼神、几句刺耳的话也会令我们一整天心里不痛快，如果不幸和别人吵了一架，可能会导致一周的情绪都不好，这种不好的感觉就像苍蝇一样挥之不去，如果再碰到大一点的打击就有可能因承受不住而垮掉，这也就是我们常说的——脆弱与纠结。

把敏感力和钝感力统一在一个人身上，这是我们人生中一项很重要的自我修炼，许多人终生都难以修炼好，这里有些先天的成分，但大部分则是在后天练就的。

在对国家队世界冠军的采访中，给我印象最深刻的是这些冠军们的敏感力都是一流的，但是把敏感力和钝感力结合得最好的有两个人，一个是张怡宁，一个是丁宁。

在采访张怡宁时我准备一个这样的问题，"你敏感吗？"我问张怡宁。

"敏感。"她回答说。

"那你觉得自己坚强吗？"

"坚强。"张怡宁回答得很坚定，没有一丝的犹豫。

她一边抚摸着自己的拍子一边说道："我觉得这一点很像我母亲，她经常对我说，做人应该像你手中的乒乓球拍子，外面的海绵软软的，但后面却是硬硬的球板，球过来时有缓冲能接住，可最终会把来球打回去，而且还会有方向和落点。"

那次采访张怡宁的时间不算短，我们聊了很多也很泛，但总感觉她身上确实有这样一种力量，一种能把敏感力和钝感力结合得很好而产生的一种力量，一种从 4 岁开始打球二十多年来在球场经历多少风雨和熬炼的力量，敏锐而又坚实，是很动人的。

人一生要修炼的东西很多，方法也多种多样，在读书中，在工作中，有时甚至在梦中都要修炼，所以修炼绝对不是庙里的和尚念经打坐才做的事情。在修炼中悟道，在修炼中直面失败和成功，痛并快乐着。

在对自身敏感力和钝感力的培养上花了多少精力和时间我早已记不清了，在今天看来自以为敏感力已修炼到了一定水平，在对京城上演的顶级交响乐欣赏当中，在聆听学者大师的精彩演讲中，在游历名山大川中，在浸透着人的智慧和灵气的千年古刹里，在释迦牟尼朦胧的目光和袅袅的香火中养育和滋润着自己的灵性。虽不敢说修成正果，但自认为商业感和文化感也算是磨炼得不错了，一不留神还做成了个中国第一"套"，出本《禁果1993》的书在别人面前吹吹牛，夜深人静之时也常会孤芳自赏，小小地得意上一阵子。

比起敏感力来，我的钝感力那可就是天上地下了，虽然许多年来通过打乒乓球，看些战争、恐怖电影，甚至是在马路上看别人打架也要从头看到尾，一直到当事人被带上警车才离开，但钝感力仍然差得连我自己都无奈。心里脆弱得像一张窗户纸，轻轻一碰就是一个窟窿。我不知道今生还能不能在自己的心里筑起钝感力的堡垒，抗击打能力提升还有多大的空间，但我仍然在努力做着，尽可能让自己的内心刚毅与强大。

有一次去日本，无意间路过一个小学校的操场，看到孩子们在上体育课，一没有打篮球，二没有做体操，而是在练习剑道。除了头盔以外，身上的防护服并不厚重，但他们对杀时下手是很重的，甚至让你觉得有点狠，真有点像两个人急了打架一般，"嗨、嗨"地大喊着，向对方的身上劈过去。我看着都有些担心，但操场上除了体育老师大声地吼叫在鼓舞士气指导动作以外，并没有任何家长在场，集体对刺的场面还真颇为壮观，一大群孩子手里拿着木剑没轻没重地乱打起来，虽然那里没有我的孩子，但我的心也是一揪一揪的，很是担心。这不会打坏吗？他们就这样乒乒乓乓地打了好一阵，击剑老师一声口令他们立刻齐刷刷地停了下来，孩子们摘下头盔一个个满头大汗，在一起叽叽喳喳地说个不停，可能是在一起交流刚才的体会吧。有个调皮的男生还拿剑比划着去刺击剑老师，老师也顺手拿起了一把剑假装要还手打他，学生跑开了，操场上响起一片笑声。

这是在中国绝对不可能有的体育课，我在操场边看了很久，我想起身后伟大的祖国，我们的下一代在干什么呢？他们早上要背着厚厚的书包，急急忙忙地往学校的路上赶，晚上要在灯下写着永远写不完的作业。打架当然是坏孩子干的事，素质教育和应试教育的差距在孩童时代就已经显露出来了。在我们的教育中几乎没有抗击打的素质培养，"分分学生的命根，考考老师的法宝"，所以才有了700万大学生找不到工作的悲壮场面。整个民族心态也十分脆弱，这也是为什么千百年来动荡多于稳定、偏激多于和谐。有人说黄河子孙天生就是这样，浑浊、乖戾，所以我们才是龙的后代。

在我们民族文化的元素中，从来就是敏感力有余而钝感力不足，不是郁郁寡欢的林黛玉就是大闹天宫的孙猴子。三国演义中的猛张飞钝感力倒是够了，但敏感力稍逊，有勇无谋更谈不上什么直觉力，不然怎么会喝醉了酒让士兵割下脑袋去降曹操呢。诸葛亮在人们心目中是大智慧的化身，他能够运筹帷幄决胜千里，战争直觉和政治感觉在那个风起云涌的年代里应该是超乎常人的，至于钝感力如何，罗贯中在《三国演义》中没有描述，但我猜想一定没有他的敏感力那样超群，不然不会54岁的上好年华，在一个政治家和军事家的年龄鼎盛时期溘然长逝。

在我的朋友当中敏感力和钝感力都强、协调比例合适的人有两位，一个是任志强，一个是王巍。前者是华远集团董事会主席，中国有名的地产大亨，任总十五六岁时在农村锻炼过，参加过对越南的反击战，真刀真枪地在战场上厮杀过，后又用短短的十年时间把华远公司从一家普普通通的小公司做成国内最有名的上市公司。像这样在"压力山大"中闯过来的人心理素质肯定是十分强大的，加上他性格外向，脾气也大，早早在江湖上就有了"任大炮"的绰号，抗击打能力超过常人，钝感能力自然也是无可挑剔，然而难能可贵的是，这样一个类似施瓦辛格的硬汉在敏感力上也是顶级的，他的感觉非常敏锐，对未来的趋势和走向的预判很准，如今虽年逾花甲却手不离微博，粉丝三千多万。我有幸听过任总的多次演讲，最突出的感觉就是他的思想很超前，在不知不觉当中走在了时代大潮的前面。

第二位朋友就是王巍了，他是中国金融博物馆的理事长，长江中欧商学院的客座教授，又是中国并购协会的主席，《金融可以颠覆世界》一书的作者。我曾试着用一句话来概括他的职业，后来发现很难，任何一种传统概念的职业名称放在他身上总显得有点窄。如果一定要起个名，叫"走在大潮前列的先行者和探索者"可能准确一些。但又有些宽泛和平庸了，好东西大都是"无名氏"，但能说清楚写明白的大多都是完事之后的事，那就是为什么资本主义诞生了几百年才有了名字，而事先的定位往往把人引向失败的原因吧。

用王巍自己的话说："人首先还是生物，人生丰富快乐就好，没有太多的逻辑可言。"

作为一个被人们称为"多产之父"的人敏感力自然是超一流的，文化人敏感力好是吃饭的本钱，但难得的是在王巍的身上还有一种另外的力量，熟悉他的朋友把这股劲称为"轴"。我以为这个"轴"字用得不恰当，轴是日本人的性格底色，指的是遇事执拗不灵活，多少显得脑子有点不够用。王巍可不是这样，他不仅脑子够用而且聪明绝顶，他身上那股劲可能用硬来形容更恰如其分一些，这种硬不是那种柔中带刚、绵里藏针的铁心皮球，而是一种明显的刚硬，这点还真有点像日本人，可能和他精通日文又是东北人有一定关系。我曾数次与王巍握手，就在这短短的几秒钟都会感到肢体接触中这种硬的存在。肢体语言是一种很重要的语言,传递的信心和口头语言一样多,而且更加真实。

最能体现王巍硬汉形象的不是许多公司"老大"的头衔,是他在55岁"高龄"时登上世界屋脊的最高峰珠穆朗玛峰,而且是从尼泊尔一侧南坡爬上去,一次登顶成功的。自从珠峰被认定为是世界最高峰的那天起,无数有志者渴望征服这世界第一高峰,但真能登上去的人至今加起来不过只有两千余人,除了职业登山者和冒险家,业余爱好者为数寥寥,文人学者能登上去的中国只有少数的几个人。登山界有一句名言:登珠峰靠的不仅是体力,更重要的是靠体力以外的东西。这个"体力外"指的是什么众说纷纭,我想意志性格应该是基本的内涵。

攀登珠峰不是每个人都能上得去下得来的,和当年中国的万里长征一样,死人的事是经常发生的,在王巍他们这次登山的团队中,就有两个人将自己的生命定格在了这世界屋脊之上,山路旁有多少登山者的尸首被皑皑大雪掩埋更是无人知晓,但王巍平安地回来了,像出征归来的战士那样脸上带着胜利的喜悦和颧骨上的两团高原红。没有什么新闻的炒作,只是我再和他握手时感觉更有力量了。

侠骨刀光中的细腻与柔情,斯文柔弱中的刚强与匪气,奔放中的隐含与内敛,敏感力与钝感力的匹配与协调,这都是人性中最宝贵、最感人的东西，就像宇宙的阴极与阳极，乒乓球的正手与反手两面攻，用张艺谋执导的一部电影叫做《一个都不能少》。

有位哲人说人有一个心脏却有两个心房，一个装着智慧一个装着坚强，一个装着幸福一个装着忧伤。大自然创造人类竟如此巧妙，明明白白告诉我们只有平衡才是最好的状态，我们才能活得长走得远。所以我们在锻炼自己敏锐的同时也不要鄙视迟钝，就像打乒乓球，别光想着打别人也要想着挨打。当你的实力不如别人的时候更要增加自己的抗击打能力，正像网上说的不要总想着别人是不是尊敬你，而是要看你自己有没有这个实力。这就是为什么两个实力相当的选手打起乒乓球来往往很难看，而实际相差很远的运动员打球时往往很漂亮，就像有一次世界冠军齐宝香开玩笑对我说："我和我姥姥打球才能板板扣杀呢，乒乓球馆又不是我们家开的，别人打你几板是太正常的事了，你也在打别人啊。"所以进攻防守都要平衡，敏感力和钝感力也应该平衡，不要强调一方面而忽视另一方面，翻译成今天的政治术语叫做和谐共荣。

细分的力量

日本人会把一件很小的事情一再细分下去,做到近乎极致,上升到"道"的境界,于是有了茶道、花道,有了松下和索尼。

乒乓球是一项很细的体育项目,主要技术有十几种,每一项技术又由若干个小动作来支持。仅仅是正手弧圈球这一个动作,公认的动作是腰和手为最主要的发力部位,腰以下又细分为胯、大腿、小腿、脚掌、脚趾等肌肉群。腰上面分为腹部、后背、肩部、大臂、小臂、手指,五个手指每个手指的作用也不尽相同。

分单项练习的目的,是把每一个细小的动作和身体的每一个部分的肌肉都提出来一项项练习,然后再练习合理的协调,把这些力量运送到手上,再通过球拍在触球的一刹那瞬间发力,这样发出来的合力能使一个只有几克重的球以很高的速度和旋转飞向对方的球台。有的专家计算过,运动员在拉弧圈球时,如果人体的各个部位都发出最大的力量,理论上打过去的球能把对方的球台打穿,这个计算多少带点调侃的味道。但在少林寺，我亲眼看见功夫高深的少林武僧运足全身力气，能使一根针穿透玻璃，我用手摸了摸那块玻璃是真的，握了握那位功底深厚的武僧的手，他的手很软很厚像是一块海绵。

这就是细分和组合的力量。这就像今天的数码照相机，像素越高图像也就越清晰。

很多年前我第一次去美国的时候，给我印象最深的是那个社会分工很细，每一个细小的专业都有专门的人在做，就像一所大医院，各个科室分得很细，有外科、内科、皮肤科、神经科，然后这些学科再细分下去又产生了很多"亚学科"，随着这些学科的无限细分，人类对自身的疾病研究也在逐渐走向深入。

有哲人说西方文化的精髓就是细分，把细分下来的东西再细分下去，任何一个被细分下来的切片都可以繁衍成一门庞大的学科，这可能和西方认识世界的角度有关，他们认为物质是无限可分的，分子下边有原子，原子下边有原子核，原子核里有质子，于是有了计算机，有了洋枪洋炮，有了宇宙飞船。

在自然科学上，细分的程度决定这门科学的水平，一个社会细分下来的专业化的程度也是这个社会发达与否的标志。凡是去过日本的人都有这样一种强烈的感受，他们能把很小的事情再细分下去，细分到让你觉得他们是不是有点变态，可他们还在那里傻乎乎地细分着，但正是这种近乎变态的细分中,日本的产品风靡了全世界。

那是一个从产品到城市都精细得让人落泪的地方。

在东京我看到过一次日本人搬家,感触很深。在北京像四通这样正规的搬家公司,在车上铺几块破毛毯,还有一辆拉重家具用的小推车,几个小伙子穿着统一的工装,你觉得他们已经很专业了。可日本人搬家是怎么细分的呢?他们先在电梯里和楼道间用硬纸板把四壁包好,以防把墙壁弄脏,把家具和电梯碰坏,这种硬纸板是专业公司制作的,可以灵活拆卸多次使用,上面印有各种广告。铺完后这几个人就走了,一问才知道这是专门为搬家公司铺防碰膜的公司,他们只管铺不管搬,然后是负责搬家具的公司到了,搬家中他们用的那种小拖车、千斤顶不仅专业省力而且还很人性。日本有专门生产这种小型搬家工具的公司,搬家中细节设计者们都考虑到了。把东西装上车之后,搬家公司的人就不再回来了,又有专门的公司来替你揭去防碰膜和处理不要的旧家具,最后负责打扫电梯和楼道里的卫生。一次普普通通的搬家,日本人把它细分为三个公司来做,所以日本搬家公司和业主很少发生纠纷,更不会把电梯和楼道里的墙碰得像花瓜一样。有一次我看到我们对门办公室搬家,兴师动众按程序走完一遍之后,只搬走了一张桌子和一把椅子,我觉得挺滑稽,他们觉得很正常。

日本文化的精髓是把一件小事情一再细分下去,做到近乎极致，上升到一种"道"的境界，比如茶道、花道，在我们看来不就是喝杯茶插盆花吗，都是生活中简单得不能再简单的事情，但日本人却能把这样看似简单的事情做得精益求精，做到了"道"的高度。他们对待自己的产品更是到了一种聚精会神的境界，他们把生产产品的流水线细分再细分，到了让人感到讨厌和变态的程度，于是就有了日立、松下、丰田这样在世界人民心目中响当当的品牌，正像电视中的广告语说的那样"车到山前必有路，有路必有丰田车"。

有分必有合，擅长细分的日本人比谁都清楚，任何细分如果不用来组合都是废品，只有在组合中才能体现出它的价值，所以日本人抱团齐心，也是世界上出了名的。今天的温州人有点日本君的意思了，他们也是中国改革开放以来最早懂得细分的群体，也是中国人中最齐心的部落。

中国古代社会是一种自给自足的小农经济社会，一户人家自己种地织布，自己打井吃水，不需要和别人合作也能过得挺好，最多就是拿自己家养的猪或鸡拿到集市上卖掉换点盐，没有经过欧洲几百年的工业洗礼，没有从细分中得到财富，所以在我们的文化传统中缺少工业文明的细分的思想底色。

由于我们没有经过像欧美国家那样几百年工业革命的洗礼，多少年来一直在农业文明中封闭着，大一统的理念、皇权至上的思想是民族文化的主线。中国文化讲的是精气神、是顿悟、是大而化之，我们看不起甚至有点鄙视这种无限分割的思想。但东方文化最神奇的力量可以绕过那些细小的分工，直接到一种大象无形、大音希声的境界。比如我们的中医，我们的中国功夫，中国文化的精髓就是在这些看得见的物质之外还有一种神秘东西在左右物质世界的发展，这种看不见但能感觉到的东西我们称之为"禅"或是"道"。这对讲究细分的西方文化来说是望尘莫及的。

三十多年改革开放的道路走到了今天，已经富起来的中国人比以往任何时候都更深刻地认识到细分的力量了，我们也开始逐渐进入一个细分的社会，分工使我们渐渐懂得了合作，人心越来越齐了，产业链越分越细，小微企业开始受到社会的重视，因细分而产生的许多小众化工作室也一天比一天多了起来。但比起中国乒乓球队和发达的商品社会我们细分的理念还略显粗糙，像作家营地等许多细小的领域至今无人问津。《蓝海战略》《长尾理论》的书籍和观点也被译成中文不久，所以在分工与合作的路上我们还有一段很长的距离要走。

第二篇　第三视角

弧圈时代

> 好女藏民间，
> 一旦选进了宫，
> 灵性就干枯了。
> 我敬畏草根英雄，
> 他们就在你身边。

自从日本人在上个世纪60年代发明了弧圈球技术之后，乒乓球就开始由打击时代进入到弧圈时代了，这是乒乓球史上的一次革命，而许多伟大的创新都是在不知不觉中悄然开始的。

以前的横板选手大多是以削球为主的防守反攻型的打法，横握球拍的欧洲运动员为了寻找自己的出路，创造出横握球拍两面快攻结合弧圈球的打法，这种打法出现后便很快传播开来，渐渐地和中国直板正胶近台快攻形成了鼎足之势。那时中国的传统打法虽受到外来威胁，但仍是瘦死的骆驼比马大，我们直板快攻打法仍占据主流地位，世界冠军还都是我们的，但已明显感到他们在技术上比我们先进，威胁已在眼前。

欧洲选手从20世纪60年代起，默默地摸索了十几年后，横握球拍两面拉弧圈球结合快攻的打法已渐成熟，并开始走向国际舞台。瑞典队运动员本格森在夺得第 31 届男子单打冠军和第 33 届世界锦标赛上男子团体冠军后，我们才意识到中国直板正胶受到了极大的威胁，因为这种打法在技术上已经落后了。而横板运动员放弃削球，把日本发明的弧圈球技术移植过来而形成的这套打法，在乒乓球史上也堪称是一次革命，以后这种打法逐渐成为欧洲乒乓球技术的主流。但当时还是以快攻为主，弧圈球技术的应用要少一些。

这时中国队沉浸在直板快攻打法的光环中，对于弧圈技术也都停留在防弧圈球和以快制转不让对手拉起弧圈球的这个层面上。就像有位乒乓名将退役后所说的那样："这些新技术在那个体制下是很难进到这个封闭的象牙塔中来的。"

6 年后匈牙利运动员推出了这种打法的升级版，他们采用两面拉、冲弧圈球的打法，拉出的弧圈球旋转强烈，落台后迅速前冲，由于他们身高力大站位比较靠后，中国近台快攻技术对他们威胁就不那么大了，这种打法较之瑞典式的快攻弧圈球的打法对中国运动员威胁更大，也基本上形成了现在乒乓球打法的雏形，这时以瑞典队的瓦尔德内尔、佩尔森为代表的运动员，把中近台两面拉弧圈球的打法再次升级，不仅进攻速度更快，而且把打击和摩擦融为一体，球的力量大，回合也多。

中国男队在这种新打法面前完全顶不住了，不仅世界冠军输给了人家，成绩最差时名列第七，"恐瓦症"就是那个时候出现的新名词，在这时候我们才彻底意识到传统的直板正胶左推右攻式的打法已经完全落后了。20世纪80年代以后，这种打法已退出乒坛，在国际大赛中也再看不到它的影子，只是在业余选手比赛中还能看到这种"非物质文化遗产"。

那时年仅30岁的蔡振华教练从国外回国，担任中国男队的主教练，在他和老一代乒乓界领导的共同倡导下，把中国传统的近台快攻理论和欧洲两面拉弧圈的打法结合起来，把前冲式弧圈球变成了快打式的爆冲，与此同时中国的直板打法也在为弥补自己的中路天生缺陷寻找出路，后来刘国梁、王浩为首的年轻运动员发明了直板横打技术，这是中国传统直板打法非常了不起的一项新发明。后来这项技术像微信一样，在中国所有直板选手中迅速传播开来。

随着乒乓球技术的飞速发展，传统的乒乓球理论在这飞速发展的乒乓球技术面前显得有点苍白，系统地写出乒乓球技术的专著很少见到。我曾问过一些在观念上很现代的乒乓球名将，你为什么不写本书把你的这些现代理念告诉广大球迷呢？这些名将们却说，我们从小打球，该读书的时间没太读书，文凭都是打完球功成名就后拿到的，书本知识肯定不如少年时代读书那样沁骨入髓，写作就更难了，有时也试着拿起笔写几句，但自己看着心里都着急，满脑子的想法怎么一写到纸上就这样干巴巴的呢，只好扔笔作罢。而文笔好的超级球迷不多，文字功底虽然深厚但球道不通球理不明，没有几十年的探索，你根本体会不到乒乓球的博大精深，更悟不出落后与现代的不同。

还有一点就是那些复杂的深不见底的人际关系，有些理论过时了，但固守者可能是现在的业内泰斗，名气如日中天，即使观点落后了也没人敢说，拍马屁之人更是坚决拥护，新的观点很快就淹没在人际关系的汪洋大海之中。这就像一个医生给病人看病，别的医生明明知道这个医生看错了，但按潜规则他是不会指出来的，病人和我非亲非故，我们医生之间却要在一个食堂打饭，评职称还要投上一票，在这样的潜规则之下一条条人命就没了，人命关天的事情都是这样，何况是一种新观点的提出。落后超前关我什么事，领导印象好还能官升一级。

有这样一种"怪"现象，许多能一针见血地指出乒乓球理论上的缺憾和有新观点的人，往往却是那些名不见经传的小人物，人微言轻，只能写上几句在网上发一个帖子，读得让人真解渴，有的连网上的网文也不发表，就在平常打球中说出来，虽是屌丝语，同样反映当代最新的乒乓球理念，直接向一些过时的观点挑战着。

等我跟跟跄跄地又用了一年多的时间把这本书写完之后，我深深地感到在我们身边有另一种英雄，我把这种英雄称为"草根英雄"。他们可能没有惊天动地的伟业，没有亿万富翁的身价,没有万众瞩目的风采,没有如雷贯耳的名气,他们诞生在中国的中产阶级行列之中,也许是在机关、学校、公司,甚至是农村。但他们却是某一个领域的佼佼者,有独立的思想和主张,有过人的智慧和才华,这样的"草根英雄"群体,在今天的信息时代已经崛起,成为中国改革开放大厦的一块重要基石。

常言说"好女藏在民间",她们一旦被选进宫里,成了独守空房的妃子,虽然有了名气,但灵性就变得干枯了。伟大的英雄离我们太远,历史上的大人物更是遥不可及,而且许多人在经过梳妆打扮之后已失去本来的面目,而"草根英雄"就在我们身边,是我们的朋友、同事,离我们近在咫尺,我们可以和他促膝长谈、随性交流、朝夕相处,从这些"草根英雄"身上我们得到了启发、教诲和鞭策。学到的东西有时真的比在书本上读到的那些伟大的人物要实用得多,常言说"读万卷书不如行万里路,行万里路不如阅人无数"。这告诉我们,读人是让思想进步的好方法。

30多年的改革开放使中国社会变得越来越多元化,人们变得越来越小众,那么英雄也越来越呈现出多元化的趋势,有主流的有支脉的,有中心的也有边缘的,有成名的也有无名的。一部电视剧《英雄无名》告诉我们,那些默默无闻的英雄有时更可贵,他们也因此会更加伟大,在无垠的宇宙中不光有太阳月亮还有无数繁星在闪亮。悟出了这个道理,我们就会用另一种眼光去仰望星空了。

乒乓球是这样,艺术是这样,科学发明也是这样,新兴的东西总是在与保守势力的指责中成长着。长江后浪推前浪,而后浪总是在不知不觉中形成,等你看到时,它已经势不可挡了。

摩擦与撞击

> 我们生活中有太多的伪命题，也许每一步推导都是正确的，但我们却很少怀疑这个命题本身是否正确，悲剧便由此产生了。

在拉弧圈球时是先摩擦还是先撞击，乒乓球界一直争论不休，至今没有一个标准答案。一派主张拉弧圈球那一瞬间是先摩擦后撞击。就是所谓的"先磨后打"；另一种观点则主张先撞击后摩擦。两种门派华山论剑多年，都想说自己是传世正宗，却一直没有分出高下。

我一直被"先摩后打"还是"先打后摩"这个问题困扰着，多年不得其解，正手弧圈球也就一直稀里糊涂地拉着，但纠结中总希望有个标准答案，于是学习《西游记》中唐僧取经的精神，愿不远万里去西天取到真经，好在还有前世界冠军齐宝香这样的好朋友在国家队，想拜到乒乓界的真佛在北京城里就行，不用远去西天。

可当我厚着脸皮"历尽艰辛"遍访乒乓球界的众多名家之后，我发现自己绝对没有唐僧、孙悟空他们幸运，人家虽然一路风餐露宿、降妖捉怪，唐董事长还因为人妖颠倒是非不分差点丢了性命，可人家最终还取到了真经。可我拜了一圈下来之后得到的却是一头雾水，心中的结仍然没有解开。

在内蒙古呼和浩特市举行的世界元老杯乒乓球比赛上，我见到了徐寅生、梁戈亮、刁文元、许绍发等许多当年叱咤风云的世界冠军，在40年前那个全民乒乓的年代里，人们心中对乒乓明星的崇拜程度，远远超过今天的歌星、影星们。

那时黑白电视机像今天的私人飞机一样，还是高端奢侈品。只是个别单位有上那么一台像个宝贝似地供着，老百姓大都是在半导体收音机里听乒乓球比赛，解说员宋世雄高亢清澈的声音描述得绘声绘色（不像现在有的电视台乒乓球赛的解说员，中国话说得前言不搭后语，把那么好的比赛画面给糟蹋了一半）。夏夜乘凉的人们三五成群地围坐在一台收音机前，用耳朵听着一场场精彩的比赛，心里想着比赛的画面，实在看不见憋急了就把家里的门板支上，拿着光板球拍乒乒乓乓打上一阵，那可真是成了"文革"时期一道独特靓丽的纳凉风景线。现如今彩电和乒乓球台一样大了，可每当我回想起童年那段经历时总还会禁不住心动。

看着当年收音机中听出的乒乓名将和自己近在咫尺一起吃自助早餐，我真是热血沸腾，哪还有心思看锅里有什么肉,盆里有什么饼,面前这些坐着的可都是真佛,有问题赶紧问。我端着餐盘穿梭在冠军之林中,看看谁有空就赶紧凑上去,先是握手合影,然后开问。第一个碰上的就是乒乓名将刁文元,他是最早将弧圈球技术融入中国近台快攻体系打法的国手,用的是日本式球拍,在当时国内直板正胶左推右攻的打法占绝对主流的时期,这也算得上是另类和创新了,刁文元的正手一板弧圈球即转又爆,好像能把台子拉穿一般,那条标准弧线完美得就像今天的苹果手机。

"刁指导,您正手打弧圈球是先摩后打还是先打后摩?"

"先摩后打。"他回答得很肯定,边说还边拉起我的手让我攥成拳头当球,他用手做球拍在我的手上"击球",让我体会先摩后打的那种感觉。世界冠军的手又大又软,拉得我心里暖烘烘的。

得到正宗的答案,我赶紧回到房间拿起球拍跑到赛场上比画了好一阵,多年折磨我的问题解决了,那是我最幸福的一个上午。中午吃饭时我坐在另一位前世界冠军齐宝香旁边,她是直板反胶快攻结合弧圈球的打法,和她妹妹齐宝华一起被称为20世纪70年代乒乓界的姐妹花。她不仅球打得好而且很通球理,我把早上请教刁指导的答案跟她讲了,本想得到她的认可和赞同,没想到她却连连摇着头说"应该是先撞击后摩擦",这回她没有像刁指导一样拿我的手做示范,而是随手从桌上抓起一个肉包子,伸开手对着大包子扇了几下,然后一掰两半,一半塞进嘴里,一半扔给了我,她性格就那样,从来都是粗啦啦的。

都是正手拉弧圈球,都是世界冠军,面对同样一个并不复杂的问题,答案却完全相反,谁是标准答案不知道,但有一个答案是肯定的,那就是我蒙了。有人说真正的爱情是短暂而痛苦的,然而我的这种幸福感比爱情的时间还短了一大截。

虽然我嘴里没有说什么,但心里却拨起了小算盘:是不是乒乓前辈们年事已高,观念还停留在20世纪六七十年代近台快攻的岁月,跟不上当今弧圈时代的步伐,于是改换门庭,又去请教马龙、郝帅、王励勤这些当红的世界冠军们,除了请教问题,当然还要照上几张相,弄好了还能和世界冠军打上几盘过过瘾,尽管被人家打得满地找不着球,却有了回去和球友们吹大牛的资本,追星情结,壮年不已。

本想听到当今正宗大师解读的真经,结果却更让我有几分意外,今天的这些叱咤风云的世界冠军们对拉弧圈球是"先摩后打"还是"先打后摩"这个问题考虑得似乎并不多,更谈不上有什么深刻体会了。

记得我有一次问世界冠军王励勤这个问题时,他想了想喃喃地说了一句:"差不多吧。"这哪像世界冠军的回答呀。我那颗上下求索的心顿时凉了一大半。

在我们的生活中有太多的伪命题，有的听起来激动人心，有的听起来高深莫测，人们为这些命题争论不休，但当我们上下求索之后发现，到头来许多命题都不存在或是没有意义，也许我们每一步推导似乎都是正确的，却很少去想或不敢想命题的本身是不是出了问题，悲剧便由此产生了。

看到这样一个故事觉得很有趣，有一个数学家囚犯总说自己是被冤枉的，典狱长就对他说："牢房的锁是由8位数字组成的，你把这8位数字排列组合对了，锁就可以打开，你就能从牢里出去了。"这个判决让这个数学天才大喜过望，信心满满地开始了这项数字自救的赌局。他计算之后发现共有一千多万种排列组合的数字，也就是说开锁的密码一定是这一千多万数字组合中的一个，于是他开始没日没夜地排列计算起来，可能是他的运气不好，他一共花了十年的时间，除了一组数字之外所有的数字他都排列过了，都没有打开牢房的锁。从理论上计算这最后一组数字一定是打开那把锁的密码，他决定把这个激动人心的时刻放到明天，这一夜他浮想联翩夜不能寐，设计着自己出狱后的宏伟蓝图。第二天早上他刮了胡子换上新衣服向所有的牢友们道别，郑重地用颤抖的手按出最后一组数字，直到这时他才发现牢房的锁根本没有锁上。

我觉得这个囚犯比我幸运，他为一个不存在的问题花了十年的心血,我为一个不存在的问题纠结了二十年,不过我还是幸运的,因为我还活着而且终于明白了。

忽然想起第一次采访王励勤的话:"差不多吧。"

养球也是读书

> 养尊处优，尊是养出来的，
> 高度也是养出来的。

我有一位朋友W先生，他身价不菲，在京城投资界也算是有点名气的腕儿了，W投资感很好，经常是在别人没意识到的时候他就有了感觉，当别人朦朦胧胧的时候他已经开始去做，当大家一窝蜂大干快上的时候他已经进入高峰期，而当对手拼得你死我活的时候他已经开始悄悄地离场了。几次大的行情他都踩在了点上。胜多败少，还真挺神。

一次我们聊起巴菲特的投资感，他说现在人人都在纸上学巴菲特，他前几年去过一次美国的奥马哈，那里是巴菲特的家乡，想亲身感受一下这位投资大师现实的生活环境，看看产生如此伟大的投资大师的"圣地"有什么与众不同的地方。

他的第一印象是奥马哈是一个非常平静的小城镇，那里民风淳朴，环境简单，像是一个大农村，人们的生活节奏比较慢。如果不是因为巴菲特，全世界很少有人知道这个地方。他第一次去那里不认路，问一个路人巴菲特的家在哪儿，那人领着他走了差不多半里多地，指着前面一排房子说那就是。

他看着这些几乎一模一样的房子，还是不知道哪栋是巴菲特的家，正在左顾右盼的时候来了一群粉丝，站在一所房子面前照相留念，看着这所房子，他无论如何也想不到这就是世界级投资大师巴菲特的府上。这是一栋在美国普通得随处可见的 House，房子显得有些陈旧，而且没有院墙，是用半人多高的树围起来的，院子也不大，和周围邻居的房子相比，没看出有什么区别，和北京郊区那些有钱没钱动辄上千万的别墅比起来显得有点"穷酸"了。他看到旁边一栋和它差不多的房子正在出售，标价是 22 万美金。

W 先生对巴菲特故乡的第二印象是小镇上人们眼中的目光，在这座有着一种乡村田园风味的小镇里，人们脸上总是挂着一种憨憨的表情，看人的目光也总是带着一个清澈与单纯，这是一种在没有被污染过的地方生活的人才能拥有的目光，也只有在这样透明而又安谧的环境里，他能感觉到别人感觉不到的微信息和潜信息，从而做出超前的判断，才能滋养出巴菲特这样没有被污染过的商业天才。

好客的邻居们告诉他巴菲特的生活很简单，在邻居们的眼里几乎就是单调，他每天就是坐在他那间不大的书房里看报表，几十年如一日从未间断过。巴菲特和邻居们相处得很好，闲暇时和他们一起打打桥牌。午餐通常是一块牛排、一份三明治、一杯可口可乐。巴菲特喜欢音乐，经常自拉自唱和朋友票上一把，和孩子们在一起玩更是没大没小，是一个童心未泯、慈祥可爱的老人。

据说巴菲特不太用手机，学会发短信的时间也不长。相传雷曼兄弟在银行最后倒闭前的24小时曾给巴菲特的手机发过一条求助短信，希望他能出手相助，巴菲特不知道这个短信符号是什么意思，也不知道怎么打开。第二天等他女儿来时，巴菲特才弄明白怎么去读短信，而这时雷曼兄弟已正式宣布倒闭了。

巴菲特所具有的那种超乎常人的投资感，是他长年在这样一座纯洁的小城镇中滋养提纯出来的，使他能用一种近乎孩子般本能的方式进行投资，所以我们不要轻言学习巴菲特，我们没有他儿童时就开始投资的童子功，没有那样一座养育他深厚投资感的奥马哈小镇，他的价值投资理论也不一定适合大洋彼岸的中国股市。我们的环境太污浊，人们的内心太复杂，目光也是那样的混沌和深不可测，把那样一种在纯洁环境中产生的投资理论用在全民重口味的中国，也就不难理解为什么广大股民的股票被拦腰砍断一半了。

污染在一天天逼近我们，水污染、食品污染，现在又多了一个新词叫 PM2.5，译成中文叫"喂人民服雾"，严重影响我们的生活质量，干扰着我们做事的心情，我们这代人也许看不到巴菲特家乡那样的蓝天绿水了。

但有一点也许我们和大师的心是通的，那就是我们能在躁动的城市中给自己修建一座沉淀内心的小镇，在修身养性中把自己归零，在静下来的同时让我们净下来，离事物的本源近一些，离人的本性近一点，使我们能够听到自己内心的声音，并顺着这种声音去做事情。

有位哲人曾经说过这样一句名言："养也是读书，是自由而享受的读书，是人生旅途中应该而且必需的读书。"

人常说养尊处优，尊是养出来的，这种养不是懒散臃肿的代名词，不是不思进取的借口，更不是失败者逃避现实的港湾，养是成功者所必有的一种境界，养是我们的精神家园。

高度是养出来的。

养的方法多种多样，住在乡间是养，大隐于市也是养，书法、音乐是养，运动、闲谈也是一种养。松下幸之助则提倡"在工作中修行"，他80多岁了，每天中午还和员工一样去食堂打饭，和年轻人谈天。

生活中点滴皆为所养。

养心是一种素质，也是一种能力，也有人说它是生产力。

一次和一高手打球，他说乒乓之道不仅在打球，还在养球上，有的对手生性邪恶，打过来的球很恶，"毒性"很大，和这样的人恶斗会伤害你的元气，有的人打球很邪，这会把你本来很好的动作打变形，让你觉得和他打完后很"污突"，不爽快，这些污染我们球感的"东毒西邪"要尽量避开，要懂得养球。养球也是读书。

　　有人把这种为自己建造的养心环境称为"都市禅寺"。在这样的都市禅寺中，我们半挣功名半悟道，滋养灵性，潜修内功，提纯身心，也许还能感知未来。从而使我们有可能成为一个儒雅而不粗俗的人，一个阳光而不猥琐的人，一个灵透而不拧巴的人，一个内心有旋律的人，一个走在大潮前列的人。

拍子的脾气

> 大自然是有脾气的，
> 如果我们相信人定胜天的神话，
> 人类只能是吃不了兜着走。

在不知不觉当中我从一个乒乓球球迷变成一个收藏乒乓球拍的爱好者了，球技没提高多少，收藏球拍的水平却日益见长。各种名牌球拍能过手的都过过手，许多草根英雄制造出的异形拍也收藏大半，出国的时候也一定要去逛逛当地的乒乓球商店，碰到好的球拍也总是要买回几块来收藏，尤其是去日本和瑞典，那是BUTTERFLY、STIGA、YASAKA世界三大名拍的产地，产出的拍子绝对是正宗的。

现在中国乒乓球队在世界上称霸已经很多年了，乒乓球拍的种类也多得不胜枚举，几乎所有知名的乒乓球拍在中国市场上都可以见得到，BUTTERFLY、STIGA、YASAKA这三大世界著名球拍在我们市场上占有率很高，升级版的新产品比苹果手机推出还快，再加上一些名气不大的小厂家做出来的杂牌球拍，种类繁多，让人眼花缭乱。

于是，乒乓球爱好者们渐渐地形成了一种新的爱好——球拍的鉴赏与收藏，一些乒乓球器材的专卖店除了卖新球拍之外，也开始做起二手球拍的买卖来，就像是一个小小的潘家园古玩市场，生意很是红火。

拍子收藏得多了，渐渐地对它产生了感情，拍子也就好像是活了，球拍摆在架子上的样子看上去差不多，相处久了就会发现拍子是有脾气和个性的，不同的木头做出来的拍子性格、气质完全不一样，有的柔和包容，有的坚强刚硬，有的雍容高贵，有的猥琐阴暗，跟人的性格差不多。拍子是人做出来的，自然会透着人性。

一些名贵的球拍要在云南或瑞典的森林里寻找特定的木材，据说长在山上背阴地方20年左右的木材质地最好，伐下来后要在适度的环境里经过一年的风干才可以破开动工。现在制造商为了降低成本采用机器烘干，却怎么也达不到天然风干的效果，做出的拍子脾气很躁，没有自然风干的底板拥有的那种底蕴和内涵。

做拍子的匠人的修为和素质也非常重要，同样的一块木头，经大师和工人的手做出来的拍子有很大的差别，不仅如此，做拍子的人操作时的心境也很重要，比如他今天的心情很好，那么做出的拍子就温暖柔和，也很有后劲。反之，如果今天心情很糟，同样还是这块木头，他做出来东西就很生冷、很硬而且拧巴。

我曾认识一家做球拍的工厂老板,他告诉我去日本参观蝴蝶球拍工厂的所见:每次把风干好的树破成板材做球拍时,工厂里都要举行一种宗教式的仪式,有点像西方人每次吃饭前做祈祷一样,意思是说"木头啊!我要把你肢解开了,你在森林里生长了几十年,一会儿你就要为人类做贡献,变成各种各样的拍子了"。他们对木头始终怀有着一种敬畏之心。

在这种心境下造出来的拍子,带着人的心智与灵性,再到懂拍子的乒乓球爱好者手里,根据自己的手型微调一下,养一养就会是块好拍子。

我们是世界上最强大的乒乓之国,强大到几乎没有对手的程度,但我们却造不出像蝴蝶、STIGA、YASAKA这样风靡全球的拍子来。不知是崇洋媚外的心态作祟,还是我们自己的心理出了问题。做球拍的老板跟我说,为什么我们现在做佛像,在科学技术那么发达的今天,却造不出像北京的戒台寺、杭州灵隐寺那样有灵性的佛像,因为那是用心做出来的。而今天的佛像大半是用钱和手造出来的,境界完全不同,东西也是一个天上一个地下,我们的厂家首先就没有对木材有敬畏之心,又都急急忙忙地想赚快钱,不仅拍子做不过人家,我们的菜刀、圆珠笔、饭锅这样简单的日用品其精致程度也与人家相差很远。后来我才知道这叫产品的"最后一公里",就是这一公里我们愣是跨不过去。

如果说制拍子看的是匠人的修为，那么养拍子则体现出主人的品位和修养了，即使是大师精心制造出来的拍子也会像一匹烈马一样，脾气暴躁，难以驯服，这就需要主人来对它进行调教。拍子通灵性，用久了它就会知道主人的脾气和打法，慢慢地和你打球的底色相靠近，久而久之会让你得心应手，人与拍子浑然一体。

养拍子最好的方法就是不断地去用它、摸它，让你的汗水浸透到拍子深处，常年用汗水浸透的拍子木质会变得非常圆润通透。相反，即使是再名贵的球拍，如果常年放在后宫里冷着，也会变得干枯凋谢，死气沉沉。

拍子和人一样也喜欢听好话，如果你不断地呵护它、赞美它，拍子也会得意洋洋，也懂得投之以桃报之以李，关键时刻给你擦个边、蹭个网，让你赢下这场球，高兴地回家喝点小酒。

拍子和人是有缘分的，有时几十块、上百块拍子也未必能让你挑到一块可心的拍子来和你一起去闯荡江湖。所以一个乒乓球运动员如果一生真的能找到一块心爱的球拍，并能与它不弃不离相守到老，那是一件很不容易的事。

拍子也是有生命周期的，一块拍子最好用的时间大概在五年左右，那时的拍子就像一个二十几岁的少女，聪慧、灵秀，刚柔得体。五年之后的拍子相当于人到中年，厚重、内敛，打起球来虽然稳定、命中率高，但力量会稍微差一些，没有年轻时的那种激情与活力了。十年之后拍子该退休了，那时的拍子会让你觉得有老朽沧桑之感，拍子上面的每一条印记都记录着你所经历的每一场比赛。

拍子除了和主人相依相恋之外，与什么胶皮粘在一起也十分重要。自从日本人发明了反胶胶皮以来，乒乓球因此而产生了巨大的变革，作为现代科技的速成产品，它的性格似乎不如手工木板球拍那样鲜明，但它也是通灵性有脾气的。我们把根本不相爱的胶皮和木板粘在一起，胶皮和木板的脾气对不上，它们之间就会没有感觉，粘出来的拍子就会很扭曲，在球台上一打就能感觉出来，旋转、弧线、速度都不对，更别说和主人之间有什么默契了。

我有一位朋友是研究古建筑的，他告诉我像天坛这样的神庙，整个建筑的结构是靠木头的结榫扣合在一起，不用一颗钉子，不同的木头由于树种不一样，它的性格、气质、脾气也完全不一样，你把两根脾气不对甚至根本不相爱的木头用结榫扣合在一起，它们一定很难过，久而久之它们会产生某种暴戾之气，会影响整个建筑的气息。谈起来是一种挺奇怪的感受，但我相信他的话，因为我在收藏拍子当中也隐隐约约的有这种体会了。

我认识一位因眼睛出了毛病而提前退休的老司机，退休后最大的爱好就是帮别人挑车，在业内小有名气，他挑车不用试驾仅靠耳朵去听。我问他在听什么？他说："产品的每个零件都是有脾气的，如果它们愿意待在一起，那它们发出来的声音往往是很悦耳的；如果它们不对脾气，车的声音中会透着一种怨气，这就是有的车开了很多年还不坏，有的车没开几千公里就要回去返修的原因。"说来玄乎，可经他挑选的车返修率就是很低，你说神不神。

这种神秘的体验我相信在任何一个行业里边待久了的人，只要你用心去悟，都会体会到这样一种通灵性的东西。目前我们制造产品还没有深入到这样的一个层面上去，我们还是停留在简单粗糙的加工阶段，甚至造假、仿冒，污染环境，毫无底线。不要说造汽车，连一块风靡世界的球板都造不出来。

万物都是有灵性的，大自然的智慧更是在我们人类之上，她最懂得无为而为，是最优秀的管理者，看似什么都没做其实什么都做了。大自然是很宽容厚道的，我们人类向她索取了那么多的东西她都默默地承受了，然而大自然也是很有脾气的，如果我们肆意暴虐不知呵护，一味破坏不懂敬畏，相信人定胜天的豪言壮语，那当大自然发起脾气来的时候，我们人类就只能吃不了兜着走。

看来我们不光要会养拍子，还要会养大自然，因为她养育了我们。

我们为什么这样握拍

中国传统乒乓球是从简单打向复杂，而今乒乓球的世界潮流却是从复杂打向简单。

乒乓球从英国传入中国的时候，我想应该是横握球拍，从能看到的文字和影像上，至今没有看到欧洲有直板选手出现过，是中国人还是日本人和韩国人率先把横握球拍改成直握球拍，现已无据可考。

为什么要这样直板握拍，我想可能和这三个国家的人使用餐具的习惯有关，中国人和日本人、韩国人吃饭虽然菜饭的做法不同，吃法也千差万别，但有一点三个国家是相通的，就是都使用筷子而不用刀叉，而直握球拍的方法正好和拿筷子的手法基本吻合，从小就这样拿筷子，打球自然就想到这样去握拍了。也有人反驳说西方人拿笔和我们拿筷子相似，那为什么西方人不这样握拍子呢？这种说法只言其表未触其里，笔是一支，筷子是两根要在分合碰撞中把菜送到嘴里，握笔握拍形似而神不似。

即使是直握球拍，日本人、韩国人和中国人的握法也有很大的区别，日韩人的拍子是高把儿，后面三个手指头伸直，整个拍子像是抓在手里，锁得死死的，这种握法正手攻击力强，但反手很弱，所以他们打球用正手单面进攻，在反手位用正手侧身攻完以后，愣是靠步伐跑到正手位接对方的回球。日本武士道精神在乒乓球上体现得淋漓尽致。在二战中日本士兵拼刺刀时一定要把子弹退出来，几十年过去了"轴劲儿"不减。

中国直板的握拍方法可比日本人和韩国人虚多了，拍子不再是高把儿，拍柄底部采用斜面，食指在斜面上滑来滑去，没个固定的准地方，这就像中国人做饭放盐少许，放油少许，少许是多少？只可意会不可言传，自己看着办，可做出来的饭菜味儿可大不一样。

我觉得中国人直板握拍的方法很像一个封建社会的小朝廷。后面的中指顶住球板，像是个皇上，起着中流砥柱的作用，就像咱大清朝的乾隆爷，是一个国家的定盘星，前面的大拇指和食指放在拍把儿两旁的拍肩上，活像是和珅和纪晓岚两个重臣在皇帝面前争宠，你争我斗，没完没了。

正手抽杀时中指和拇指用劲，食指轻轻地搭在球板上显得有些冷落，反手进攻时中指和食指用力，拇指则轻放在一旁。所以"轮指"是中国直握球拍永远说不完的话题。"党争"也是中国封建王朝中皇帝玩平衡的常用办法，有忠臣的地方就一定有奸臣,历代王朝既要君子也要小人。君子可以伸张正义、树立楷模,小人可以制造恐怖、实施阴谋;君子是领头羊,小人是看门狗;君子务虚,小人务实;有君子做楷模,人们自觉忠君;有小人做耳目、做打手,大家不敢谋反。圣上不仅需要正手进攻,有时也需要反手推一板,过渡一下干点秘而不宣的事情,总之忠臣也好奸臣也罢,皇帝谁也离不了,外战时忠臣带兵御敌,内战时奸臣阴谋诡计,共同维系着江山国脉,千秋万代永不变色。

然而显赫了三百多年的大清朝,在洋枪洋炮面前却多少显得有些力不从心,最终走向灭亡。中国人的直板握拍和由此产生的特有打法,在经历了几十年的辉煌之后也显得有些落后了,开始走起下坡路。

自从日本人发明的弧圈球技术传到欧洲之后,欧洲选手把弧圈球和自己的横板打法结合起来,形成了横板两面拉弧圈球的全新打法,世界乒乓球的潮流发生了根本的转变,进入到了一个新的时代——弧圈时代。

在这种新弧圈时代开始之后,中国在世界乒坛上兴盛了几十年的传统直板正胶的打法显得落后了,以瑞典选手瓦尔德内尔、本格森、佩尔森为代表的欧洲选手,带着他们两面拉弧圈加快攻的最新打法杀了过来,把高居冠军宝座数年之久的中国队打个大败,使江嘉良、陈龙灿这样中国传统直板正胶打法的选手难以招架,一个个败下阵来,中国队的成绩从冠军跌至世界排名第七。

我们终于开始直面现实了，国家体委请回了在德国漂泊多年的前国手蔡振华担任中国男队的总教练，对这位当时年仅30岁的年轻人委以重任，这位国家队的年轻少帅，在综合了老一代领导和新青年的智慧之后，大胆提出了把中国的传统近台快攻和欧洲两面拉弧圈的打法结合起来，把前冲式弧圈球变成了快打式的爆冲弧圈球。使中国队彻底摒弃了传统直板正胶的打法，在技术和打法上又一跃走在世界乒坛前列，从此中国队稳居世界冠军宝座几十年，再也没有被别人轰下来过。

在横板弧圈球已成主流的今天，世界乒坛上几乎见不到几块直板的身影了，即使是在国内、在直板的故乡，直板的打法也被日益边缘化，大家在电视上也几乎看不到直板选手拼杀，尤其是中国女队，在世界冠军的行列中清一色都是"大刀向鬼子的头砍去"。

看到老祖宗留下的东西在一天天消失，我们心疼却又无奈。

首先是直板各个手指头团结程度不如横板，拇指、食指、中指在正反手的高速对抗中要不断轮换，这种轮指不仅耽误时间，也影响打球的稳定性。乒乓球是一项极其敏感的运动，一毫米的偏差就会使球出界或者下网，"差之毫厘，谬以千里"这句话在乒乓球比赛中体现得最充分。但三个指头轮换所产生的不稳定性有时差得不仅是一毫米，而我们意识不到，所以在打球中经常会莫名其妙地失误，究其原因还是和"轮指"有关。

乒乓球又是一项速度很快的竞技运动，从对方挥拍打球到自己的台子上只有零点几秒的时间，而人对球的反应速度是有极限的，如果"轮指"再占我们一点时间，哪怕是一点点，也会让我们在比赛中吃大亏。

而横板则把轮指所占的时间和所要做出的动作都省下来，五个手指头抱成一团，左来反面打，右来正面打，自然交换，既方便又舒展，符合人性。

由于直板这种复杂的握拍方法，它的打法也相应非常复杂，正手拉、打、带、挡，反手推挡、吸、切、搓、抽，再加上发球与接发球，这些基本技术每一项都能衍生出多种技术来，加在一起有几十种，而每一项练好了都很难，组合起来更是让人眼花缭乱，再和复杂的战术搅在一起，真是穷极一生也练不完。所以人们经常说，直板是把乒乓球从简单打向复杂的过程，在复杂中浑水摸鱼。

横板则不同，它的基本技术只有五六种，而且绕开了台面上那些纷繁复杂的过渡球技术，三板之内便开始拉开弧圈球与对手展开对攻，既实惠又有观赏性，如果把直板比作中国浩如烟海、纷繁复杂的武术的话，横板更像是一场简捷明快的拳击。

中国的直板打法也在为自己的缺陷寻找出路，从20世纪60年代的徐寅生、庄则栋开始，中国几代乒乓精英对直板握拍法进行了大量的改革与探索，用以对付欧洲崛起的两面拉弧圈球的打法，试图把横板的稳定和力量与直板的灵巧和诡诈结合起来。但中国式握拍解决不了的"轮指"之痛成为一个天生的瓶颈，所有的改革都在这个瓶颈面前停止了。

以中国男队总教练刘国梁和世界冠军王浩为代表的年轻一代，创造出了直板横打技术，它的出现和使用，是中国传统直板握拍打法的一次根本性的变革。他们学习欧洲的横板技术，把直板从来不用的反面加到打法里来，这就使我们既保持了直板握拍的传统握法，又直接可以绕开直板握拍"轮指"之痛的天花板，使得直板和横板基本上回到了一个平台上，而不再作茧自缚带着镣铐跳舞了。

这项技术的出现，唤起了许多乒乓球拍的研究者和设计师们的灵感，他们开动脑筋，试图在国际乒联允许的范围之内，在球拍的硬件上进行多种多样的探索。

在北京昌平工业园里有一家生产"三维牌"乒乓球拍的公司。在宽敞的球拍展览室里陈列着各种各样经过改良的直板，有歪把凸起的直板反打王，看上去像是一把歪把子机枪；有拍子把就像手枪扳机的四面攻，还有在食指根部加了一个软环，真好像到了军事博物馆的展示大厅。这种改革和探索的精神让人敬佩不已。

除了三维厂家设计的新型球拍之外，国家专利局批准的各种关于球拍的新型设计也有几百种之多，但是所有在乒乓球拍上进行的改革迄今为止都没有成功过。各种新型的奇技淫巧看起来十分新颖，但在实战中就会发现有副作用，都没有逃出按下葫芦起了瓢这个规律，在一切纷繁复杂的尝试之后，事情最终又回到了简单。传统直板之所以没有被各种设计取代，就是因为它简单，给手留下了许多潜意识的空间，这很像中国的国画，镂空而灵透，如果不从根本上颠覆，任何添加都显得多余。好比中国的武术，它已经到了极致，作为战争的手段，任何改革都是徒劳的，但后来以火药为代表的热兵器出现了，战争从根本上起了变化，中国的武术作为战争的手段彻底消失了，人类进入了热兵器时代。

中国乒乓球传统打法的主旋律是从简单打向复杂，在复杂多变中把对手打蒙打乱。今天乒乓球技术正好相反，它是以弧圈球技术为中心一以贯之地打到底，把复杂变得简单，从而走上了更高的境界。而以前中国直板的许多小技术在弧圈时代慢慢地开始消失了，这很像上面写的中国的武术，你用一生去练南拳北腿，刀枪剑戟，可谓是纷繁复杂，博大精深，但在搏杀中武林高手却敌不过一个从不会武术手里却拿着把快枪的女人。横板弧圈球技术的出现针对直板来说就有点像手里拿着快枪的女人。

科技总是在颠覆中产生飞跃。成千上万次的探索只有一次能成功，但就这一次成功可以改变世界，所以成功是失败的落网之鱼，失败是常态，成功是偶然。

一个小小的乒乓球，一种传统的直板打法，有时真像是一个国家和一个民族的一面镜子。从鼎盛到衰落，再到新的复兴，就像中国的汉字有着极强的再生能力，不管是刻在龟甲、竹简上，还是写在帛纸上，汉字从来没有因为工具的变化而被淘汰或异化。电脑出现后中文似乎面临着一场灾难，人们认为用只有26个英文字母的英文键盘把几万个形态各异的汉字输入电脑简直是不可能的事，但中国人用我们的智慧解决了这个难题，文字输入速度并不输给英文，甚至在只有12个键位的手机上都可以完美地输入汉字，使汉字很快与计算机接轨。

据历史学家考证，在世界范围之内，千年以上的文明几乎都消失了，只有中华民族的文明延续至今，并在历尽灾难之后至今没有灭绝。我们总能够在到了最危险的时候弃旧图新，从而融入浩浩荡荡的世界大潮当中。

小球背后的大故事,
至今没说完。

桌上网球

关于乒乓球的起源地,有各种各样的说法,但起源于英国是世界公认的。19世纪末正是大英帝国的鼎盛时期,有一支举世无双的海上舰队,漫长的海上航行是非常无聊与乏味的,那时还不能上网,电视机也还没有发明,为了打发漫长的时光,有些爱好网球的海员们就用书把桌面隔成两部分,拿葡萄酒塞子做成软木球,再用木板做成网球拍子的样式,两人你来我往像网球一样对打,也算是因陋就简过了网球瘾,后来渐渐就成了航海时人们常玩的一种娱乐项目。

还有一种说法是有两个英国网球发烧友,有一次在室外网球场上较量,正难分难解时恰逢天公不作美下起了大雨,他们只好躲进了学校的食堂里,但年轻人争强好胜容易冲动,刚才的较量谁都不服谁,都说如果不是下雨准能赢了对方，双方争执不下。旁边的同学也跟着起哄，后来大伙一商量，决定就在桌子上决出胜负。于是两人就把饭厅的桌子拼了起来，中间用几块砖头隔开，用网球拍打了起来。后来别人觉得蛮有意思，于是纷纷仿效，他们一不留神成了乒乓球运动的鼻祖，就像当年呼啦圈席卷中国一样，乒乓球旋风般地席卷欧洲。最早叫"Table Tennis"，译成中文是"桌上网球"。其实许多伟大的发明都是在偶然间撞上的，经后人一吹就变得神乎其神了。

我相信乒乓球运动是在船上发明的，因为人在无聊中往往会产生瞎忙时没有的灵感，许多娱乐项目都是为了打发无聊生活而产生的。

最初打乒乓球只是项饭后运动。19世纪末，英国处于繁盛的维多利亚时代，上流社会的绅士淑女吃饱喝足之后需要适量运动来消耗过量卡路里，女士们又没办法向男人一样在广袤的土地上打高尔夫、打网球，她们就在宫廷里打起了桌上的网球，一进皇宫乒乓球就正式成了一项体育活动，就如同中国的臭豆腐进了宫，老佛爷吃了说声好，它就成为一道名菜流传至今。

但在当时英语中还未出现过"Ping Pong Ball"一词，直到1900年左右，一位名叫詹姆斯·吉布的英格兰人到美国旅行时，偶然发现了一种用赛璐珞制成的空心玩具球，弹性很强。于是，他就将这种球稍加改进后，代替了软木球和橡胶球，逐步在英国乃至世界各地推广起来。由于用拍击球和球碰桌面时发出"乒乓"的声音,所以"乒乓"的名字也就由此产生了。

1901年英国J.Jaques & Son有限公司将"PingPong"注册为商标,乒乓球正式成为一种带有商业色彩的体育活动在欧洲和亚洲蓬勃开展起来。

1904年,上海一家文具店的老板王道午从日本买回10套乒乓球器材。从此乒乓球运动传入中国。不仅精明的王老板本人没想到,恐怕当时上海滩所有的商人都没有预想到,这种在桌子上打的网球后来能成为中国的国球,否则他应该注册一个自己的商标做代理,然后投资生产能够发大财,但从王老板第一个把乒乓球从国外引进来这点看,他也算得上是中国乒乓球的鼻祖了。

上海是中国资本主义的登陆点和先进思想的启蒙地,许多改变中国社会的洋玩意儿和新思想都在这里发端兴起,不仅有乒乓球、股票,还有马克思主义。中国共产党也是从这里诞生的,十几个人的一次聚会,28年后成为统一中国的执政党,红双喜作为中国最著名的乒乓球器材商至今仍在上海。

1926年,在德国柏林举行第一届世界乒乓球锦标赛。同时成立了国际乒乓球联合会。所以在名目繁多的乒乓球比赛中,历史最久的是世界乒乓球锦标赛,起初每年举行一次,1957年后改为两年举行一次。

乒乓球运动的广泛开展,促使球拍和球有了很大改进。

最初的球拍是块略经加工的木板，后来有人在球拍上贴一层羊皮。随着现代工业的发展，欧洲人把带有胶粒的皮贴在球拍上。上世纪50年代初，日本人又发明了贴有厚海绵的反胶球拍。

开展乒乓球运动的条件不苛刻，非常有利于普及。男女老少都能打，天南海北都能打，室内室外都能打，有钱没钱都能打。条件好的可用高级球台打，条件差的用水泥球台、门板、床板也能打，小孩拿粉笔在地上画一个四方框就地打。这就有一个巨大的人民基础。

乒乓运动又是一项全身运动，相对于足球篮球等运动，它没有直接的身体对抗，符合中国文化不喜欢肢体碰撞的习性，所以乒乓球运动在中国十分普及，深得国人喜爱，被世人称作国球。

我们看到毛主席在战争年代留下的唯一一张与体育有关的照片就是在延安打乒乓球时拍的，他站在用泥和砖头砌成的球台旁，右手横握球拍，神情专注。用什么牌子的乒乓球现已无据可考。在那样艰苦的条件下乒乓球却还能存活下来，可见在中国乒乓球生命力之强大。后来毛主席用乒乓球展开中美外交，用小球推动了"大球"，大概和他年轻时在延安打过乒乓球有关。

如今上了点年纪的人都还记得20世纪70年代，新中国用乒乓球作为橄榄枝打开中美关系大门的那段往事，当时中国把美国当做头号敌人，叫做"美帝国主义"，简称

"美帝",社会主义的发源地苏维埃社会主义联盟也就是前苏联,也因为和我们意识形态不同而成为了修正主义,简称"苏修","打倒美帝、打倒苏修"的标语牌在大街上随处可见,比今天麦当劳、肯德基的广告还要多。那时中国在世界上是一颗冉冉升起的新星,东风吹战鼓擂,现在世界上谁也不怕谁。既反帝、也反修,帝就是美帝,修就是苏修。

1971年第三十一届世界乒乓锦标赛期间,中国选手庄则栋与美国运动员科恩邂逅,毛主席正为世界上谁也不怕谁着急呢?那天翻开送来的文件一看,中国乒乓球队的"红色选手"庄则栋竟然跟美国乒乓球队嬉皮运动员科恩搭上话了,毛泽东敏锐地抓住这一契机,因势利导立即让周恩来安排美国队访华,乒乓外交就从这儿开始了。

而大洋彼岸的美国也因苏联日益强大的军事实力而深感不安,冷战到了白热化的程度,敌人的敌人就是朋友,远交近攻,天下大事合久必分分久必合。迫于当时的国际政治形势的变化,中美双方都有重归于好的意思,但苦于没有一个体面的台阶,就像一对吵翻的情人想要破镜重圆,需要一条"祝你生日快乐"的短信来就坡下驴一样,而乒乓球就成了这条"祝你生日快乐"的短信。

国际敌对势力对中国的封锁就这样被一个小小的乒乓球打破了,1949~1971年与我国建交的只有34个国家,"乒乓外交"后,1971~1979年与我国建交的国家达到了100

多个。尤其是1971年联合国大会以76票赞成通过了恢复我国在联合国的合法席位。所以,有人称赞中国的"小小银球转动了地球",这在新中国的外交史上是一段佳话,史称"乒乓外交"。

在这种政治作用力下,全国人民更是掀起了打乒乓球的热潮,各单位都建立了自己的乒乓球队,各学校也有自己的校队,打得好的同学放学后还可以进业余体校训练,体校的尖子可以选到各省市的专业队。如果能成为一名专业的队员,哪怕是板凳队员,穿着运动服走在马路上也比今天的"龙哥""发哥"还要神气。

当时的中国老百姓还没有电视机,有重大乒乓球赛经常是大人孩子围在收音机旁听比赛实况,脑子里想象着徐寅生、庄则栋、梁戈亮这些国手们这个球怎么发,那一板怎么打,解说员宋世雄清亮的声音更是把乒乓球比赛的场面描述得惟妙惟肖,许多球迷还拿着球拍边听边比画着动作,这个正手怎么抽,那个反手怎么打,比今天的搓麻可热闹多了。

那些年乒乓球赛比今天明星的演唱会还多,除了国内各种名目繁多的比赛外,国际乒乓球邀请赛也是隔三差五就有一场,世界各国乒乓球爱好者不管球技高低都可以到中国来看一看、打一打,最有意思的是一次叫做"亚非拉乒乓球邀请赛"的比赛,来的大都是黑人朋友,球技可能连我们的小学生都不如,却也在运动场上作为国手打来抽去，许多中国观众不服气，认为自己打球的水平比他们高，可他们哪里知道这是一次国家形象的软广告，国家让你赢你就要拿金牌，政治让你输你就要会让球，"友谊第一，比赛第二"的口号就是那时提出来的。

那真是"全民皆球"的年代。

在中国除了有普及的传统使乒乓球运动十分兴旺外，还因为乒乓球有这么多人参加使其具有政治含义。政治的含义是什么？通俗地讲就是动用一切资源去干一件事，这就叫政治。所以中国有那么多老百姓从事乒乓球这项运动，本身就具有政治性意义，在中国什么事情一旦上升到政治高度，那就是神仙也挡不住了。

21世纪的今天，中国的乒乓球实在是太强大了，强大到没有对手、孤独求败的境界，不管什么世界比赛都是风卷残云，早早地把老外打出局外，封锁他们通往世界冠军的道路，最后中国队自相残杀决出冠亚军。这似乎成了一种固定的模式，作为中国队当然希望每次都能为国争光，但作为体育竞技比赛却一天天失去了观众。我们在电视上经常看到，即使是在国外举办的重大赛事，看台上也是稀稀拉拉没有多少人，大片椅子空着，如同一盘快要下完的跳棋。

短短几年来，乒乓球的规则一改再改，不仅球的直径由38毫米变成40毫米，贴海绵的胶水也由有机变成无机胶水，国际乒联这些措施表面是冲着中国队来的，但实际上是为了增加乒乓球的观赏性，让观众回到看台上来。没有观众的竞技体育就如同鱼儿没了水一样，在商业时代钱和客户是大爷，不管是体育还是文艺都不能太自恋。"迎合"也不再是个贬义词。

中国乒乓球队的大哥大蔡振华提出一个"养狼计划"，扬扬万言中心思想只有一个，就是为了我们的强大能够生存下去，要让对手也强大起来，真可谓是高瞻远瞩，否则有一天乒乓球会因为没有对手而成为"非物质文化遗产"，我们的子子孙孙还要庆贺申遗成功，如果这个预言成真，那就不知道是喜剧还是悲剧了。

就这么一个小小的乒乓球后面却有着大大的故事，至今也说不完。

世上许多物种都因为过于强大，把自己灭绝了。

盛极的思考

电视上正在转播 2012 年世界乒乓球锦标赛的决赛，又是在中国队员之间展开，中国人自然又是拿了全部金牌，这似乎已经成了一种观赏习惯，像麦当劳和肯德基标志一样，一眼看去就知道结果。无论是奥运会还是世界杯，地球上所有乒乓球的比赛，打到最后一定是身着红色球衣的中国健儿在自相争斗，其结果自然也是毫无悬念地把所有的金牌统统收入囊中。五星红旗升起来了，国手们在庄严的国歌下肃立，手捧鲜花和金牌向观众频频致意，这种场景中国人太熟悉了，一熟悉就是几十年。

但在激动之余，我们却能常常在电视镜头扫过时，看到观众席上大片的椅子是空的，只是在主席台附近坐着一些观众，在国外举办的比赛，满满的观众席上喊"加油"的声音都是中国话，场馆里的广告写的也是中文，如果不是看到球台旁坐着的是外国裁判，你会觉得这是在中国国内的比赛。

有一次乒乓球赛电视直播结束后没插广告，播出的是一档《动物世界》的节目，不知是不是巧合，电视解说词有这样一段话："许多物种的灭绝并不是因为它们弱小，而是因为它们过于强大，强大到它们没有了对手，于是开始自己和自己的厮杀；而某一植物的过于强盛也会引起对环境的过分掠夺和依赖，最后会因为一些意想不到的原因而在很短的时间内灭绝了。"

看到这些盛极一时的动物灭绝后那一块块化石的镜头，联想着刚刚播完的乒乓球大赛的盛况场面，冥冥中在我心里忽然产生了一种预感，无数事实都在揭示着这样一个规律：世界上许多物种，无论动物还是植物都曾因为自己的过于强大最终毁灭了自己。

20世纪50年代，乒乓球在中国刚刚兴起，那时世界乒坛有三个中心，第一个是由欧洲横板打法的运动员组成；第二个中心是在日本，他们是以直板单面攻结合弧圈球为主要打法；第三个中心就是在中国了，以直板正胶近台快攻为主要打法；世界乒坛三种力量互相博弈，形成当时世界乒坛的基本格局，有点像小说《三国演义》中东汉末年的魏、蜀、吴，三股力量竞相角逐，每次世界大赛，冠军花落谁家就像世界杯足球赛一样，只有那只会算命的、被人们称为"章鱼哥"的章鱼才知道，正常人是预测不出来的。

那时乒乓球打法也是多种多样的，有欧洲运动员的削攻结合的打法，有日本的直拍单面攻打法，再有现在 40 岁以上中国人熟悉的直板正胶左推右攻型打法，同时涌现出许多风格各异的优秀运动员，群芳斗艳、各领风骚，虽然乒乓技术不像今天这样水平高，但乒乓球作为一项体育运动在那段时间里丰富多彩吸引无数观众，被人们称为乒乓球的黄金岁月。

到了 20 世纪 80 年代初，因发明弧圈球而对世界乒坛做出革命性贡献的日本，由于自己握拍方法和打法的天然限制，难以防御好对方拉过来的弧圈球而走向衰落，最后被自己发明的技术淘汰出局。现在日本乒乓球选手已经完全欧化了，看不到一点他们老祖宗的影子，只有韩国选手柳承敏继承了日本的乒乓传统，成为乒坛上的一朵奇葩，时隐时现，但现在已经边缘化了，而且后继无人。

世界乒坛的格局随着日本乒乓球的衰落而被打破，由原来的三足鼎立，变成中国和欧洲两大乒乓集团争霸天下。

善于向新东西学习的欧洲人民，在中国还沉迷于直板正胶打法的时候就把日本的弧圈球技术和自己的横板打法结合起来，发明了横板两面拉弧圈球的技术，以瑞典选手本格森、瓦尔德内尔、佩尔森为代表的欧洲运动员迅速崛起，曾一度把中国乒乓球队赶下了世界冠军的宝座达数年之久。那是世界乒乓球赛观众最多的时候，我们这些球迷经常在电视机旁揪着心紧张地喘不过气来,隔壁邻居家也是加油叫喊声不断,和今天球迷们喝着啤酒看足球的场景差不多。

中国人在乒乓球运动上体现着超乎世界其他民族的聪明,世界冠军的地位刚刚动摇,马上奋起直追,见招拆招,大胆起用新人,聘任年仅30岁的蔡振华为中国男队主教练,这在当时论资排辈的体制下也算是一次不小的突破。蔡指导上任后大胆改革,尖锐地指出了中国传统正胶打法的弊端与落后,把许多人不愿想和不愿说的东西捅开了,并把中国快攻的打法和弧圈球结合起来,这项改革是非常聪明的,使我们在技术设计上领先了欧洲选手。江嘉良、陈龙灿这些直板正胶的选手在二十几岁便退役,随之而来的孔令辉、王涛等一大批横板弧圈球结合快攻的选手脱颖而出,并迅速崛起,在天津举办的第四十三届乒乓球世锦赛上包揽了全部七个项目的冠亚军。中国乒乓球队在比赛中的"大包圆"就是从那时开始的,到今天已形成了雄霸天下的第一品牌。而当年风光无限的欧洲选手因为打法相对落后和后继无人在20世纪90年代初就开始且战且退,如今瑞典已不再是乒乓球大国,没有什么太像样的选手活跃在世界乒坛上,但他们做出的冠军级的球拍——STIGA却仍风靡世界。日本也一样,乒乓球技术虽是二流,但也为世界乒坛贡献了两只精良的球拍,一个叫做YASAKA,一个叫做BUTTERFLY,翻译成中文叫蝴蝶。

当我们用国力把为中国人争得无数荣光的乒乓运动推向前所未有的高峰时,蓦然回首之间,我们发现自己已经没有对手了,所有乒乓球世界大赛,最后都无一例外地演变成中国人之间的对决。观众发现由英国人发明的乒乓球在中国长成这样一个庞然大物,所到之处都风卷残云战无不胜,作为竞技体育人们就会失去对它的兴趣。没有竞争和观众的比赛是必然会衰落的,这就如同日本的相扑和美国的橄榄球,长久地在顶峰傲立着,奥运会就没有你的一席之地,因为再没有人和你玩了,剩下的只是孤芳自赏,自相残杀。

独孤求败曾是中国古代武功高手追求的最高境界,但在现代竞技体育中却是衰落的征兆,"群雄逐鹿""你方唱罢我登场"反而是好事。这一点我们应该向美国人民学习,他们总是在与对手的冷战与热搏中保持和经营着自己的强大。先是与苏联冷战45年,当列宁同志亲手缔造的苏维埃社会主义联盟在科学和民主的大潮中轰然塌下之后,美国又把中国培养成了自己的对手。

有人说中国有皇帝的时间太久了,历经了几千年的历史,可以说中国文化和政治设计是建立在有皇帝的基础之上的,皇帝是不讲道理的,更不能有任何力量和皇帝制衡,一道圣旨下来就要领旨谢恩,山呼万岁,对不对就这么干了。皇帝不用尊重个性,天下之大莫非王土,我就是你们的爹和娘,打你、骂你、杀你,你都要谢恩。不尊重个性自然不能产生民主，不讲逻辑当然不会尊重科学。咱是爷，爷怎么能允许有人与之抗衡，那是造反呀。

今天皇帝虽然没了，在我们的骨子里还留着皇权至上的底色，一头独大的思维习惯还在延续着。我们都知道"盈满则亏"的道理，可一旦我们有通吃的机会，总要打出个大满贯才够味，不知道也不允许让出一部分利润来培养一个老二，在与老二的竞争中使自己得以延续和发展。而老二有时候也不懂得做老二的本分，不知道在做亚军的位置上去永续经营，总想着把老大的位置颠覆掉，自己取而代之，老大看出了老二的野心，并将置之死地而后快，其结果是去掉了矛，盾也就没有存在的必要，大家都完了。

乒乓球——这个中国少有的能在全世界通吃的体育项目，在经历了几十年的强盛之后无可奈何地因为自己的强大而衰落了，现在乒乓这项运动在东亚市场很小，在欧洲已经萎缩，而美洲和非洲几乎消失了。习惯了关起门来争老子天下第一的中国人，虽然在近两个世纪没有争得太多的第一，但在乒乓球这个绝对第一面前似乎也明白了许多道理。当年意气风发的少帅蔡振华先生提出了一个有名的"养狼计划"，中心思想就是一个，在培养出势均力敌的对手与自己竞争的过程中让自己存活下来，客观上为了别人，主观上还是为了自己。虽然只是一个小小的乒乓球，但在观念上却是了不起的进步。原来敌人是不能没有的，竞技体育中的对手是不能消灭的，要学会在竞争和制衡中发展自己，这似乎是西方民主社会的精髓所在，在中国这个小小的乒乓球当中得到了体现。

"狼来了"是真的希望狼来，还是我们嘴上喊"狼来了"，心里却沾沾自喜地做着农耕时代皇帝的美梦，这中间相差了几百年的文明。

精致的小作坊

> 马云在一次演讲中曾经说过这样一句话:"盲目地把企业做大是一种变态"。

除了我们小时候穿开裆裤趴在地上玩的弹球,乒乓球可能是所有球类运动中最小的球了,它的直径只有40毫米,重量2.7克。乒乓球台也不大,长274厘米,宽152.5厘米,高76厘米,和一张双人床差不多大。但就是这么一个小球,不仅是一项主要的体育项目,在中国还成了国球。

如果有人用球的大小来衡量体育项目的好坏,你一定会觉得这个人思维出了问题。但我们喜欢用企业的大和小来衡量这个企业的好坏高低,这个标尺今天还会普遍存在,我经常会听到别人这样问:你们公司多少人?一听这个厂有几万人,一定是一个了不起的企业,会让人有一种肃然起敬之感,如果说这家公司仅有两三个人,接过来的名片随手就会丢到垃圾桶里。

当各种各样的财富论坛在北京举行的时候，许多媒体都在报道这位CEO坐着什么样的专机来参会，那位老总住着怎样豪华的总统套间，好一副跨国集团争强斗富的气派，让我们这些小老板心里酸溜溜的不是个滋味，心里既羡慕也嫉妒。于是也装模作样地到各种"坛"里混了一阵，见到大腕演讲完后便凑上去自报门家、握手寒暄、互递名片，几年下来还真积累了不少CEO的片子，可这堆名片放在桌子上偶尔向朋友炫耀一下，"我认识某某企业CEO"，并没有给我们企业带来实际的好处，倒是花了我不少参会费，够买一辆宝马的了。

有一天去洗车，我和洗车店的张老板聊天。别看那间洗车房简陋，张老板的商道却不浅。他开过超市，做过熟食批发，也曾是个大老板，可惜后来倒在"大"上，只保住了这家洗车店。他服务好，收费低，门口经常是脏车不断，有时候还要排队等上个一二十分钟才能洗上。当车队排得长了，张老板就劝后边的车到别处洗，别在这儿排着了，实在劝不走就举块牌子就地涨价。让排得太长的车队短一点，我问他为什么这么做，他说生意不能做得太大，太大了就招事。所以张老板的生意多年来一直是稳稳当当，不管周围的车行是红火还是倒闭，他的车行一直是老样子。忙里偷闲的时候，还在门口晒会儿太阳，拉拉二胡，滋润又自信。

当我文绉绉地和他讨论企业何为大时，他甩着手上的水珠直憨憨地说了一句:"吃饱了就是大,吃多了撑出病来。"

一日,中央电视台在黄金时间播出经济专家极为冷静的评论:企业不要一味地都去争做五百强,一个国家企业发展的规模,一定要和这个国家的经济水平大体相当,一个企业的发展规模又应该和自己的实际情况相匹配,可以稍微超一点点,但不能超得太多。如果离开国家经济发展水平和企业实际情况一味追求把企业做大,那就如同收破烂的穿了一件皮尔·卡丹西服,还把一条金利来领带系在没穿衬衫的脖子上。为了说明西方人如何理解大企业的概念,这位专家还特意引用了一个英文单词"enough"(足够),足够就是大。

马云在一次演讲中曾经说过这样一句话:"盲目地把企业做大是一种变态。"

究竟选择做大公司好,还是选择小作坊好,除了产品种类、公司性质、客观社会环境等众多因素之外,创业人的思维特点也和这个企业的大小有着亲密的关系。

乒乓球之所以在亚洲尤其是在中国可以长盛不衰,很大原因和我们的身材特点有关,我们的身材普遍比较矮小,但很灵活,欧洲人天生人高马大,却略显笨拙,所以乒乓球他们打不过我们,足球我们踢不过他们,天生是什么人就去干天生该去做的事。姚明身高两米多,他去打篮球,成为了明星;邓亚萍身高一米五几,照样在乒乓球台前横刀立马。如果两个人换个位那结果一定很滑稽,所以以球的大小去衡量一个体育项目的好坏，一定是个伪命题。

我们不必在企业做大的道路上和别人挤得死去活来，不妨在那个属于自己的精致的小作坊中去实现自身的价值。什么天赋做什么事，什么特点吃什么饭。我认识的一家国内著名的投资公司，投资管理着四五十亿美金的资产，公司只有二十几个人。去香港银都机构参观，那样一家有名的影视公司拍出了很多好的影片，也就是十几个人。除了亲眼所见，听说的就更多了，索罗斯的量子基金敢和许多国家的政府打一场又一场的金融战，从资料上看公司也只有两层楼，相当于国内一家中小企业的规模。

今天中国政府已经把发展小微企业作为经济转型的一项政策，年轻人创业也不再把做大作为办企业的终极目标了，他们在甘心做小中尝试着把天赋和公司的专业结合起来，不会在大小上煮酒论英雄了。一两个人在淘宝网上开一家自己喜欢的店，做得有声有色，有滋有味，特别是网络时代，为小微企业提供了无限的发展空间，倒是许多当年不可一世的大企业在信息时代的浪潮前一个个轰然倒塌了，新经济让很多原先对小公司比较冷漠的大企业家对一个个"小黑马"弯下了腰。五年前小公司害怕大公司是商业主轴，五年后的今天，商业巨头非常恐惧在自己看不到的地方突然出现自己的颠覆者。

今天我们再也不能小看那些居民楼窗户中的灯光了，也许就在这样一间十几平方米的房子里，就有一个工作室在做一件看起来很小的事,也许是一本书、一个软件,甚至是一个构想,但第二天就会被网络成百上千倍地放大,创造出难以估量的价值来。

  但是,当我们把目光放在小微企业而准备大干一番的时候,抬眼望去,那些以做大著称的西方世界,在网络经济的涌动下似乎又回到了中国古代那种农业社会,中国的文明就是小农经济,绵延几千年,只是近百年来被西方的工业文明给取代了。现在我们拼命地搞现代化,GDP上去了,雾霾也出来了。而西方社会却走向了貌似中国小农经济的信息文明,成为一个个精致小作坊的汪洋大海。

> 用业余的心态做专业的事，
> 许多快乐和伟大由此产生了。

专业与业余

业余选手打球常常会因为自己是业余的而陷入一种误区，从而本末倒置，这种现象科学上还有个名词，叫"目标困惑症"。我曾深受其害，所幸现在终于摆脱了。

业余乒乓球爱好者在小时候学习乒乓球时大都是打着玩，能上业余体校的毕竟是少数，很多人在学乒乓球时并没有受到正规教练的指导，许多不是很规范的动作就在不知不觉当中形成了，底色就这样涂了上去。后来年纪大了一点儿，对球有了一定的理解，还能得到一些专业队员和名教的点拨，这才知道自己的动作在许多地方有毛病，但已经过了动作形成期，再想纠正就如同秋天撒种子一样，已经过季了，不管你怎样努力，要想彻底改掉一个错误动作，往往比登天还难，而且时有反复。不要说业余选手，即使是专业队员，要想纠正一两个细小的动作也要付出极大的努力。从小形成的打球习惯是很难改掉的，这就像我们说话一样，不在北京的孩子从小说的是家乡话，过了语言形成期后再说普通话就很难说得纯正，年纪越大口音越重，改起来越难，所谓"乡音难改"讲的就是这个道理。我们常用一生的时间改掉性格里的短板，到头来我们发现人是很难改变的，既改变不了自己更改变不了别人。

我的正手攻球动作手臂总是向上，重心常常太高，这样向前挥拍迎前不够，拉出来的弧圈球虽然稳健但速度不快，没有力量，不仅打不死对方，还经常让自己处在被动的位置上，就这么一个细小的毛病，我改了大半辈子都没改过来，更不要说大毛病了，三年五载能改过来就得烧高香。为改掉一个所谓的毛病再难受也要别着劲去打球，使自己长期处在一种纠正错误的状态之中，从而失去了打乒乓的欢乐。在一段时间里注意去改掉一个错误动作还是可行的，如果同时要改掉两个错误动作那就不会打球了，就像邯郸学步中的寿陵少年，不但不会走路，最后是爬着回的家。

革命性的改变通常会有副作用，很多打球的朋友都会有这样的体会：你反手攻击力差，经高人指点，找到了问题的症结是握拍方法不对，于是我们改变了握拍方法，加强训练，反手攻击力加强了，高兴得嘴角还没来得及合上，却发现正手力量不如以前好了，因为你的整个"乒乓生态"改变了。于是我们又加强正手训练，一番刻苦之后正手水平大有长进，但在比赛中你会发现，当正反手攻击力都提高之后，你打小球的控制力又下降了，总是按下葫芦起了瓢，看来甘蔗没有两头甜。

在打球时不要犯"目标困惑症"这样的错误，在没完没了改正动作的痛苦中纠结，为了追求尽善尽美而自废武功，只要不违背球理、球规，怎么能发出力来怎么拉，怎么能赢球怎么打，才是人间正道。

"一个天才运动员的出现，往往会毁掉一代甚至几代人。"这是中国乒乓球队总教练刘国梁的一句名言，他虽然是对专业队员说的，但是对业余选手来说也堪称经典。我们看到许多名将球打得出神入化，于是我们就放弃自己的打法而改去模仿他们，今天看到张继科两面凶狠的弧圈球，想学；明天看到马琳的细腻和多变的球路，想练；后天看到王浩的直板横打新颖独特，也照葫芦画瓢狂舞一番，但模仿的结果往往是我们的球技不但没有长进反而倒退了，因为天赋是不可复制的，就跟这个世界上没有两个长得一模一样的人一样。别说我们业余选手去模仿这些世界冠军，就是专业运动员之间也是很难互相模仿的。

世界冠军们那似行云流水般的球技，对于业余选手大多只有观赏价值，在电视机旁，在球馆里，当我们赞叹人类已经把这项运动推到这样一个高度时，必须清醒地意识到，我们只能看，但永远无法学会了。

想赢怕输是人和动物的天性，记得小时候斗蟋蟀赢的那只还要挥舞翅膀叫上一番,何况我们人呢。但专业运动员打球和业余选手有着根本的不同,前者以打球为职业,说俗了就是吃饭的饭碗,是自己安身立命的地方,所以必须拼命去做,世界冠军只有一个,想问鼎冠军的专业选手却有千千万万,人人都想圆梦,成王败寇,没有其他的路可走,输赢是唯一的标志。

业余选手虽然也是赢了眉飞色舞,输了垂头丧气,但终不是决定自己一生的"龙门",道路要比专业运动员宽泛多了,目的也是多种多样了,强身健体、修身养性、自娱自乐、以球会友,提高自己的悟性、思维质量和敏锐程度,赢了当然高兴,输了回家照样喝上二两,输赢不是唯一的目的。

可我们有的业余爱好者把输赢看得比专业运动员还重,赢了挤兑挖苦对方,输了强调客观,不是怪拍子没粘好,就是怨旁边的人说话影响了他。我有一个球友就陷到这样的一个输不起的误区里不能自拔,赢了话很密,自我吹嘘让人起鸡皮疙瘩,输了就沉着个脸,三四天不高兴,下次打球时总要想些歪点子来限制对方。原本是业余时间大家一起玩玩乐乐,却搞得比专业还专业,球友关系变得很紧张,失去了业余选手快乐乒乓的目的。小到个人,大到一个民族,如果赢不得输不起,那是没有希望的。

著名的作家罗伯特·弗格汉姆曾这样说过:"关于赢,它不重要,真正重要的是光明磊落、遵守游戏规则;关于输，它不重要，真正重要的是你乐在其中。"

"放下工作的千头万绪，让身心跳会儿舞"，这是我们小区健身房墙上挂的一句广告语，用在业余选手身上还挺合适。虽然我们在技术上远不如专业运动员，但从乒乓球中得到的快乐程度上，专业选手反而不如业余的高。目的不同心态自然不一样。

业余选手别把自己的心理优势丢了，上帝不给你超乎常人的球技，却给了你无穷的快乐，想想也算公平。

用业余的心态去做专业的事，许多伟大往往就在这种状态下产生了……

圈子的力量

> 人是一切关系的总和，
> 你有什么样的圈子，
> 就有什么样的高度和生活质量。

每每说起打乒乓球，我就会想起我们那个打球的小圈子，十来个球友凑在一起，下了班在一起乒乒乓乓杀得昏天黑地，然后去旁边小饭馆撮上一顿，喝点小酒，聊上一聊今天的成败与得失，谁输了球谁买单。

大家水平太接近了，胜负往往就在一两分之间，所以谁是当天的"老末"，谁是得意忘形的"冠军"，只有打完之后才知道，这一点不像中国队，还没打就知道冠军一定属于五星红旗。

我们从春打到秋，从冬打到夏，不知不觉在一起二十多个春秋过去了。刚认识的时候我们还是小伙子，这会儿却早已人到中年。

就是这样一个乒乓球的小圈子，多少年来一直给我们的生活带来极大的乐趣，我们的灵性和智慧在博弈中得到滋养，反应和意志在拼杀中得到了浸润和打磨，比起同龄人来我们自认为要健康、灵活、睿智多了，有时对方递给你一个东西没拿住，或者一个茶杯从桌上滚下来，眼看就要掉到地上的刹那间，都能条件反射把东西救起，为此经常会小小地得意一番。

记得有一次开会，我正在前面讲话，讲到一半手机响了，正准备掏出来关掉，谁知一滑手机从手里掉了下来，我下意识地用脚一垫，手机被踢了起来，说时迟那时快，我飞快地伸出手去竟然把踢起来的手机接住了，台下的听众先是一片唏嘘，接着冒出一片喝彩。我强忍着没让自己笑出声来，但心里却特别得意，这个突如其来的花絮成了会场上的小高潮，可比我讲的内容精彩多了。

一个普普通通的小圈子，给我们身心带来了无穷快乐，成为我们生活中分不开的一部分。

人一生虽然五彩斑斓，但真正支撑我们生活的不外乎就是那么几个小圈子，工作圈子、家庭圈子、朋友圈子。圈子搞好了事情就顺畅，圈子搞不好就会按下葫芦起来瓢，所以人的生活其实都是由这样一个个小的圈子组成的，你有什么样的圈子就会有什么样的高度和生活质量，你和什么样的人组成圈子，就有什么样的成功与快乐。正如北京一位颇有名气的沙龙人说："最重要不在于你做什么事，而是你和谁一起做。"

马克思曾经这样说过："人是一切关系的总和。"以前我们读到这句话时并不知道其中的含义，然而在改革开放的今天，我们才深刻理解到什么叫做"社会资本"或称"关系资本"，它和金融资本、人力资本一样成为你成功和幸福的重要因素。马克思不愧为革命导师，在几百年前就能有这样的远见，看来革命导师也要靠自己的关系才能成功。

冯仑在他的《野蛮生长》一书中曾这样说过："决定伟大的力量就是你跟谁一起做，所谓创造历史就是在伟大的时刻、伟大的地点和一群伟大的人做一件庸俗的事，而平凡的人则是在平凡的时间和平凡的人做着伟大的事却不改变任何现状。"

你的价值就是你社会关系总和的价值，而圈子就是你各种关系中最核心的部分。和什么样的人做朋友，有什么样的圈子，决定了你的社会地位，也决定着你的视野与未来。

如今圈子一词在我们生活中出现的频率越来越高了，专家称它为社区，学者称之为部落，商人称为圈子经济，金庸则在他的武侠小说中把圈子称为江湖，不管叫什么名称，用今天一句流行的话来说，那就叫做"聚"。

据调查统计，在正常情况下，人一生交往的圈子最多是60个人，这里面还包括了你的父母和兄弟。把这60个人的名单每天都盘点好就够你一生用的了，不需要一天到晚在外面忽悠，看起来认识很多人，其实大多数你都记不住,这种关系现在被戏称为"软联系",在你危难的时候,能够帮你的一定是圈子里的人,而圈外的人最多表示同情,有的还会幸灾乐祸。所以看一个人的层次并不是看他认识多少人,而是看他圈子里有哪些人。

人的天性是要聚在一起的,有一本书 Younger Next Year,直译过来叫做《明年更年轻》,书中告诉我们,虽然人类今天已经进入了信息时代,但几十亿年由猴子演变成人所形成的生理结构和心理习性却没有变化,人类仍然需要像原始社会那样聚在一起,仍然保留着为抵御恶劣环境和野兽攻击而群居的天性,尽管从工业革命开始人类便有"宅"的趋势,今天甚至出现了"宅人"这样的词汇,离群索居也不会再被野兽吃掉,但人们发现一个人离群索居太久就会得各种各样的病,"抑郁症"就是其中主要的一种。所以作者研究的结论就是:"人们仍然需要像当年那样,上午成群结队出去打猎,用今天的话说叫做上班,如果你已经不需要上班了,那每天至少要有一个小时走出屋去到公共空间与人相聚交流。"

这本书现在还没有中文版,今后不管有哪家出版社出这本书,我希望译者不仅能够把文字翻译得优美,更要译出这本书的精髓,那就是不要和人类从猴子变成人的漫长进程中所形成的群聚的天性对着干。

常言说"物以类聚,人以群分",共同的兴趣、爱好、利益,使人们以圈子的形式聚在一起,正如当年被称为伟大领袖的毛主席,在他的名篇《为人民服务》中所说的那样:"我们都是来自五湖四海,为了一个共同的革命目标走到一起来。"革命是件大事,要聚起全国人民为之奋斗,圈子是小事,能有十来个人就够了,但不管规模大小,有一点是共同的,那就是要"聚"起来,一个人单枪匹马地喊"我能",实际上是万万不能的。

今天经过改革开放洗礼的中国人,已经在用一种新的眼光和心态投入到圈子中来了,人们不仅仅是为了赚钱聚在一起,而是为了探索和愉快地生活。房地产商人潘石屹在金融博物馆读书会上曾讲过这样一句话:"今天判断一个城市是不是好,不仅仅是天有多蓝、空气有多新鲜、我能赚到多少钱,而是这个城市是不是有各种形形色色的人、各种奇奇怪怪的圈子,是不是有一种文化氛围融入这座城市当中。"这个读书会是由华远地产董事局主席任志强和许多学者、专家共同发起的。强哥不仅出资经办这个读书会,更有意思的是他每期读书会都会来参加,并且都会在演讲结束时客串一把主持人,讲上几句总结性的话。他的语言风趣调侃,脸上满是幽默和童趣,这时的强哥一点不像人们传闻的"任大炮",而是一个充满智慧的老顽童。

金融博物馆读书会应该算北京较有名的读书会了,凤凰网读书会、欧文沙龙、新知沙龙,以及在彼岸书店、时尚廊、车库咖啡、杂志客厅举办的读书会也都颇有影响,而各种以茶社、音乐、书法、戏剧为主题的沙龙在北京有多少没人能统计得出来，北京私人会所式的沙龙，更是浩如烟海，用文艺一些的话说就是"星罗棋布，宛如银河洒向人间"，透着京城的活力和文化韵味。

我们这个小小的乒乓沙龙只不过是北京沙龙海洋中的一滴水罢了，透过这滴水我深切地感受到圈子对我们生活有多重要，越是太平盛世，人们越会深度无聊，也就越需要抱团取暖，让闲暇的时间充满欢笑；越是在社会巨变与转型时期，人们越会感到茫然和困惑，越是在一起寻找答案和解脱。路走得太快了灵魂会跟不上的，我们不妨聚一聚、等一等，让思想飞一会儿，在交流中让我们的思想得到升华，也许我们的错误会犯得少一些。

我们生活在以投资和回报为主旋律的年代，我们在投资股票、房产、黄金，投资教育、健康、婚姻的过程中别忘了投资圈子，这个圈子不需要你付出太多的金钱，但却要付出比金钱更重要的东西，那就是时间与爱。

从1949年中华人民共和国成立到改革开放的27年里，时代把我们的父辈扭曲成了"政治人"，30多年改革开放，使中国进入了"经济人"的时代。今天，当信息时代的曙光来临的时候，"心理人"伴随着这个伟大的时代开始悄然兴起，并将渐成主流。人们可以不在乎你持怎样的政治观点，金钱也不是衡量你成功与否的标准，人们更在意的是自己的心理感受，在意自己心灵的阳光与坚强，人们为快乐而做着各种各样的事情。

今天人们在用一种新的眼光来看待圈子，看待由圈子形成的各种平台，平台经济和平台文化已成为未来发展趋势，而圈子是搭建平台的一块重要基石，投资圈子也就是投资平台，在平台上我们创业，在圈子中我们享受着生活的快乐。

日本的一家球拍店

> 在我们拼命搞现代化的时候,西方社会却走向貌似中国小农社会的信息文明。

在日本名古屋有这样一家卖乒乓球器材的小店,店面不大,也不在繁华的街道上,如果不是门口挂着一个硕大的球拍做广告,这家店甚至很难引起过往行人的注意。

推门进去,我发现店里布置十分精致,一面墙上挂满了日本乒乓名将的照片,从20世纪60年代的狄村、高桥浩,到70年代的何也满、长谷川,一直到现在能说一口东北话被日本人称为"瓷娃娃"的福原爱,彩色、黑白的照片大大小小挂满了一面墙。在另一面墙上则挂满了球拍,除了我知道的BUTTERFLY、STIGA、YASAKA等世界著名球拍之外,还有许多在日本国内生产的球拍,琳琅满目地挂了一墙,每块球拍下面放着一张小照片,是店主与运动员的合影。

店老板是一对三十岁出头的夫妇。当老板知道我是从中国来的球迷之后，十分热情地向我介绍球拍下面的那些照片，经他这么一说我才知道，原来这面墙上的每块球板上都有乒乓名将的签名，有些是他爷爷收集的，那时还没有彩照技术，许多照片都还是黑白的，相当一部分已经发黄了。我在那些拍子上竟然还看到了徐寅生、庄则栋、李富荣这些中国老一代乒乓名将的签名，店主告诉我他爷爷1971年在名古屋举办的第31届世界乒乓球锦标赛期间，在体育馆门口自己搭起旅行帐篷，排了一天一夜的队才买到中国队和日本队团体决赛的票，比赛结束后又不知排了多长时间的队才得到了这几块有中国运动员签名的球板，所以十分珍贵。

在名古屋举办的第31届世界乒乓球锦标赛，是中国人民在"文化大革命"后第一次在国际乒坛上亮相，所以格外引人注目。那次中国女队拿了亚军，中国男队获得了世界冠军。这段历史在今天已被中国人民渐渐淡忘了，没想到在日本的乒乓球店里却还有人这样清晰地记得。

我环顾店里的布置，他们把最好的位置都用来摆放照片和收藏品，而乒乓球、球衣、球网，还有用来售卖的球拍却摆在店内其他不太显眼的地方。由于店面不大，这些东西把店内塞得满满的，连房顶上都吊着一串串的球拍，灯光打上去像是一只只花灯笼，还挺好看。

这个店到他俩这里是第三代，已经有60多年的店龄。

当他兴致勃勃地向我介绍这些的时候，我注意到店里除了一个人买了几盒乒乓球和一瓶胶水，再没有顾客进来了，我们这些从大陆来的企业家总认为自己的商业素质高，于是不解地问道："你们店把最好的位置都用来摆放照片和收藏球拍，这多影响你的生意呀？你们三代人为什么只做这样一家小店？而不做成全国连锁呢？"

翻译是日本京都大学的学生，他把话翻过去之后，这对日本夫妇沉默了好一阵不知该如何回答，显然没有考虑过这个问题。翻译为了解围连忙解释说："一说到日本，中国人马上就会想到松下、索尼、本田这些世界超一流的企业，好像这就是日本的全部，其实大部分日本人都不像媒体宣传的那样，他们过得很踏实，他们喜欢做小生意，几代人一辈子守着一家小店过日子觉得挺好的，他们会把这家店做得很好、很精致，赚钱只要够就行了，在日本一家一户的商店、面馆、鱼店做个几十年、上百年的到处都是，不算什么新鲜事。"

翻译的话我相信，在东京我曾看到过一家面馆，从店面装饰到桌椅板凳都透着一种在北京看不到的精致，即使是卫生间也是一尘不染，虽然只有几平方米大，墙角还摆了一瓶花，同去的朋友告诉我很多日本的卫生间服务生为了证明打扫得干净，敢咕咚咕咚地喝马桶里的水，这话我将信将疑，因为我毕竟没有亲眼所见，但我相信会有这样的事情发生，因为这确实是我所看到的最干净的厕所。人们常说卫生间是一家商店的活广告，人在应急时留下的印象比平常深。面馆店老板告诉我这家店已经开了几百年了，即使在二战那样残酷的年代也没停业。

听完翻译的话我心里紧了一下，看来小日本和大中华真的不一样，我们心大，总想着做大生意、出大名、赚大钱，什么都要做成连锁，做成大买卖，这么急火攻心地到底想活成个啥？守着这么一家小店做着自己喜欢的事，几十年平平安安地走下来不是挺好吗？怎么就成了没出息呢？

在那家小店面前我站了很久，我们是一个乒乓大国，乒乓球打遍天下无敌手，怎么就开不出这样一家店，做不出像STIGA、YASAKA这样风靡全球的球拍呢？

这些年去西方转，和西方人聊，给我最突出的感受是高楼大厦他们似乎比不过我们，他们的生活方式好像开始转向中国人多年前的小农经济，似乎看到一个似曾相识的未来。中国的文明就是小农经济，但是后来被工业文明给灭了，这几十年我们拼命地搞现代化，GDP上去了，雾霾也出来了，兜里有钱了信仰却没了，我们变得容易焦虑，路走得太快了，比拼得太狠了，许多事情就没了底线，而日本却和西方一样走向了貌似小农经济的信息文明。

失败是常态

失败是常态，
成功只是偶然，
可我们总是把镜头对准成功者，
这就使我们产生了许多错觉。

在2012年伦敦奥运会乒乓球赛上，中国选手王浩拿了他乒乓球生涯中第三个奥运会亚军，在奥运会上"三连亚"的乒乓选手王浩可谓是绝无仅有了，正像电视解说员所说的那样，王浩总是看着领奖台上的冠军像城头变幻霸王旗一样换来换去，自己却站在亚军的位置上岿然不动。

王浩太想拿奥运会冠军了，可命运的安排似乎总是让他与冠军擦肩而过，好像他的乒乓球生涯是专门为得亚军而来的。在伦敦奥运会乒乓球单打结束后他说："我是第三次参加奥运会，也是第三次拿到银牌，这可能是我最后一次参加奥运会了。"说到这里王浩哽咽了，在无数电视观众面前流下了热泪。悟性极高的王浩似乎预感到了什么。

最近看了一篇文章叫《与成功谈恋爱，和失败过日子》，说成功就像热恋中的情人，很快就过去了，如朝露、如艳遇、如梦幻,而失败则像糟糠之妻,在叨叨唠唠、吵吵打打中跟你走完这一生。

记得有位哲人这样说过,我们所做的事情,绝大部分都会失败,如果成功与失败是一幅油画,那失败就是这幅油画的背景色。失败像是地球吸引力一样,是常态是必然,成功却有太多的偶然,需要在同一时刻把刻苦、努力、聪明、天赋、机会、时代,诸多条件都聚集到一起形成合力,有时还要有一点运气和祖上积的阴德,缺少一个就会失败,所以失败的概率要比成功高得多,如果成功很容易,我们就不会为成功欢欣鼓舞了,我们要学会与失败相处,和成功相处是很容易,和失败相处就难了。

在一个成功者的后面,不知堆砌着多少人的尸体,"一将功成万骨枯"这是人们经常挂在嘴边的一句话,可我们从来都是把焦距对准成功的名人,这容易使我们产生错觉,觉得身边到处都是成功,只有自己是个失败者,这个世界的主色调就是成功,看不到月亮背面那些不尽如人意的地方,看不到事物的本性和全貌。

我们一说到大海,总会想到沙滩、阳光、在太阳伞下和美女喝啤酒聊天,可那是海滨浴场,大海在很多时候都是深不见底,浪涛滚滚、冰冷恐怖,海啸更是无情地卷走无数人的生命,这才是大海的本性与全部。

我们总是用美丽、聪慧、温柔这样的词汇来形容女人,但现实生活中漂亮女人是很少的,大部分都不那么漂亮,而且多疑、善变,有时还有那么一点心狠与思维上的混乱,但这是女人的全部。

看到王浩在电视上流泪,我忽然想起美国作家海明威的名作《老人与海》,小说描写了一位老渔夫在海上捕鱼,经过了84天,他还没有捕到一条鱼,大家都说他运气不好,不吉利,等到第85天,他决定去渔夫们从未去过的深海打鱼,以证明自己的能力和勇气。在海上,老人发现了一条很大的马林鱼,他克服了重重困难,经过艰难的搏斗,终于在第三天早晨,把鱼叉刺进了马林鱼的心脏。在返回的途中,老人遇到了鲨鱼的五次袭击,他用鱼叉、船桨和刀子勇敢反击。当他驾驶小船回到港口时,马林鱼只剩下一副巨大的白骨架。故事很简单,但老人对待失败的宽容、韧性和不屈的精神,使这篇小说相继获得了1953年美国普利策奖和1954年诺贝尔文学奖。

"一个人可以被消灭,可你就是打不败他。"这是海明威的名言,他用这样一种心态来对待失败,把成功理解为只是穿过失败的落网之鱼,才使得《老人与海》成为传世之作。

直面各种扑过来的失败,把它看成是生活中不可缺少的背景音乐,那我们的心态会淡定宽广很多,我们因此会变得快乐而有力量。

现在讲成功的书特别多,我有空喜欢到西单图书大厦逛逛,发现门前最显眼的展台上关于成功学的书你方唱罢我登场,这个年头读者太好"忽悠",找几个运气好的人,编几个关于创业的故事,真实不真实天晓得,书名一定扎眼,故事一定离奇,让你相信成功一定是这样一条绚丽多彩的路。你买去认真研读了相信了,在兴奋之中你已经不知不觉地被领上了一条成功的邪路上去,这就是为什么照着书本打仗的人从来没有打赢过。小说《三国演义》中,那个熟读兵书却连个街亭都守不住的败将马谡就是这样的书呆子。

  现在不知从哪里冒出来那么多宣讲成功的人物,每一家机场书店最显要的位置,几乎是24小时播出这个学者那个专家制作的教你如何成功的光盘。许多人其实没有任何创业的经历,他们只是把别人的故事拿来经过加工,又变成了新的故事,不仅在电视上讲,还到各处游说,但别人的故事真实不真实那就不知道了。而成功者背后的真正故事,也许不那么好,也许不可告人,你是永远不会知道的,但演讲者自己唯一的成功就是忽悠了你,赚到了稿费和演讲费。这就像人们常说的"他要知道怎么赚钱还用得着在这讲吗,他自己早就去干了"。

  所以宣讲成功是一个职业,和成功关系并不大。人们由此产生了错觉,认为成功就应该是老师描述的那样。

  但迄今为止我们没有看到一本成功地描写失败的书,人总喜欢讲自己过五关斩六将,而不愿意谈自己败走麦城,但失败的经验有时比成功更宝贵更重要,特别是在人年轻的时候，有几次失败的微创伤是很有益的。害怕失败，过分地强调防范风险，会使一个人和企业缺少创新的活力，只要不产生习惯性的挫败感，失败往往是件好事情。

"失败是成功之母"，母就是母亲，失败和母亲一样可爱，我们还有什么不能直面的呢。

"屡战屡败，屡败屡战"，这是大清名臣曾国藩对待失败的态度，把目光从成功转向失败，带病养身，带着烦恼养心，我们可能会无数次地失败，也许在无数次失败之后，我们有可能有一次成功，只这一次就够了，就足以改变我们一生，蒙好了没准还能改变世界。悟出了这个理，我们就会用一种新的眼光来看待失败了。

乒乓与作揖

> 一个伟大的男人应该是怕老婆，而一个伟大的民族也应该是少有些"畏触性"心理，敢于直面与碰撞。

为什么中国人乒乓球打得好？这可能和我们这个民族的文化特点有关，每当五星红旗冉冉升起、国歌奏响的时候，我们都会激动得热泪盈眶，但激动之后我们会发现，这些升国旗奏国歌的体育项目几乎都是单打独斗的比赛，不仅鲜有团队合作，而且对手之间的身体不接触不碰撞。

中国人乒乓球在世界上称霸50多年无人能与之抗衡，除此之外跳水、体操、羽毛球都是世界一流水平，近年来网球、高尔夫球、短跑也在世界上崭露头角。三大球中的排球一道网把两军分开和对手没有身体上的撞击，所以中国女排也在世界排坛上叱咤风云二十余年。记得20世纪80年代袁伟民带领中国女排第一次拿到世界冠军的时候，无数的年轻人涌上街头游行庆祝，"我们赢了，中国万岁"的大标语震撼人心，那可真叫欢欣鼓舞。可需要身体碰撞的篮球和足球水平就低多了，尤其是足球，几十年来一直在边缘游荡，不仅与世界冠军无缘，即使在亚洲我们也是提不上名的小老弟，用一句现在的流行语叫"屌丝"了，让几代球迷扼腕长叹。

这似乎和我们几千年的文化传统所形成的国民性格有关，汉族文化深受儒家影响，讲的是仁、义、礼、智、信，温、良、恭、俭、让，而对于一些冲突多采取阴柔的回避态度尽量避免正面冲突，即使是杀伤力很强的中国武术，其宗旨首先也是注重个人的修为，提倡忍让，非出手不可也讲究点到为止。肢体碰撞在国人眼里被视为粗鲁、野蛮、智商不高的行为，打架更是遭人鄙视的事情。我们从小常会听大人这样说："胡同里的二狗儿不是好孩子，总跟别人打架。"好孩子是不能跟别人打架的，乖孩子挨了打只能去老师那里告状。

最典型的避免肢体接触的现象，是两个人见面不是握手而是作揖，即使是见到父母和最好的朋友也从不会有热情的拥抱。以至有些外国朋友至今还不明白为什么中国人见了面自己和自己握手。

有的学者把这种现象称之为"畏触性"心理，其表现是心理上对身体接触过分敏感甚至是恐惧，年纪越大的人这种心理现象越明显，尤其是网络时代的到来更顺应了人们这种"畏触性"心理，于是社会上有了许多的"宅男""宅女"，还给自己起了个好名字，男的叫"毕加索"，女的叫"居里夫人",甚至渐渐成为一种文化,这些人喜欢把自己关在一个看不见的保护罩里,碰到问题也总是采取拖延和回避的态度,总想着以柔克刚、四两拨千斤,或是拐弯抹角地暗示对方希望他自己能够意识到,就是不敢直面冲突,直接去解决问题。

回避冲突害怕碰撞的文化特性也容易造成一种双重人格,电影《阳光灿烂的日子》就有这样一段场景,主人公夏雨在外边被别人暴打了一顿,回到家里一个人对着镜子拳脚相加,想象着怎么教训别人,这里给别人一拳那里扇别人一个耳光,样子蛮凶的。在这种虚拟中找到快感的心理是很可怕的,这种人一旦获得权力,内心沉淀已久的恐惧爆发后,就会以更加残忍、跋扈、嚣张的形式过分地表现出来,破坏力很大,这种文化属性在关键时刻是很误事很有害的,它甚至能把整个事情彻底毁掉。

被誉为一代天骄的成吉思汗曾有这样一句名言:"疆界在我的马下。"意思是打到哪算哪,在他老人家统治中国的时候,中国的版图是现在的好几倍。有的学者说这是因为摔跤是蒙古民族的文化特点之一,他们从小就把肢体碰撞融入孩子的骨子里了。泱泱大汉民族在历史上几度被少数民族统治数百年,一直到19世纪末才结束。修万里长城想挡住人家,这可能和我们民族的"畏触性"心理有关。

在汉文化圈中,日本和韩国甚至中国台湾对"畏触性"心理的反思要深刻得多,他们讲究礼仪但又不回避冲突,我们经常会看到两个日本人有什么事说不清了就跑到外面打一架,打完回来就没事了。在电视上经常会看到,在韩国,西装革履文质彬彬的国会议员在大庭广众之下说着说着就打了起来,又是摔跤又是拳击,精致的西装撕成几片,这样做虽然有点极端,似乎也不太符合礼仪之邦的风范,但这种不回避冲突的精神比我们表面上一团和气背地里下狠手使阴招的习惯还是要好得多。

美国的孩子从小就会让孩子们去打橄榄球,练拳击。有一次我去旧金山的一所中学看到一群十二三岁的孩子课后在练拳击,书包和衣服堆一旁像座小山,换上拳击服戴上头盔,吼吼地走上拳击台,教练在一旁并不是总管教着,而是放手让学生们打,除了练习以外,在实战搏击中小选手会被人打得凌空倒下,屁股先着地,爬起来拍打几下又接着往上冲,而且这种训练每天放学都有。

中国孩子放学后在干什么呢?在学游泳、轮滑,即使学武术更多的也是像做广播操一样整齐划一的花架子,足球、拳击很少见到,即使是少数孩子练练散打和跆拳道也是家长和教练在旁边百般呵护,生怕碰坏了这根娇嫩的独苗苗。这种不同环境下长大的人性格底色有多大差别是不言而喻的,会培养出外战外行内战内行的窝里斗,会培养出在外边闯码头受了气在家喝酒打老婆的暴君,会培养出当面不说背后煽风点火的阴谋家……

一个伟大的男人应该是怕老婆的,一个伟大的民族应该是少有"畏触性"的。WTO首席谈判代表原外贸部部长龙永图在一次讲学中曾这样说过:"文化不是一个高不可攀的事情,都体现在身边发生的小事情上,说话高声,随地吐痰,大口地喝名贵的葡萄酒。"战胜我们民族的"畏触性"心理也都是无数的小事,那就让我们从小事上开始,遇到朋友主动伸出手来而不再是点点头愣愣地站在那里,有问题直来直去而不要拐弯抹角,直面每一次发生的冲突,在碰撞中让我们的内心成熟而强大起来。

教条主义害死人

> 有个读书人想学武术,他看到《葵花宝典》上写着"欲练此功,必先自宫",于是狠下心来把自己给阉了。

乒乓理论里有一件怪事,许多教练、专家、运动员,他们在教人正手拉弧圈球怎样发力击球时,常常特别强调是用腰发力,要用腰控制手臂,而不是用手臂发力。腰是腰臂是臂,手臂能叉腰,可再长的腰它也叉不了臂,它怎么还可能控臂呢,我心里一直纳闷。

几乎所有的教科书上都是这样写的,我只能虔诚地相信了,可在实际运用当中总觉得不对劲,稍一用劲过猛就会闪了腰,疼上那么好几天。

在以后十几年的乒乓球运动中我无数次对转腰的观点产生了怀疑,因为我始终不知道转腰是什么样的感觉,又因为许多高手都这么说,又一次次把这种怀疑咽到肚子里,继续朝转腰的康庄大道上迅跑着。

在实际比赛中,球路千变万化,双方常常打得难分难解，不去想什么转腰击球，随性放开来打，球还会打得好一些，可一想到要正规化，一想到腰是不是转得标准，球反而打不上台子了，即使打上了球台也不知道这个老腰转得标准不标准，总之打得上打不上责任都在腰。

北京电影学院的 T 老师是一个超级球迷，也和我一样被这种"转腰论"害得不浅，他球打得认真练得也很苦，一板一眼还真有点专业队的架势，和我的共同点是他对"转腰论"深信不疑，总想让自己的动作规范一些标准一些，以致几次闪了老腰仍百"闪"不挠。但他越是练转腰击球动作就越显得别扭，不仅击球的命中率不高，击球的力量速度也都跟不上，他曾诙谐地说，这个转腰发力的说法就像龙一样，谁都说有，可谁也没见过。

我们就这样被转腰的魔咒纠缠了许多年，始终见不到这个"妖"的真面目。

终于有一天我在网上看到一篇不知从哪里飘来的文章，尖锐地对乒乓球用腰发力的经典理论发起了进攻，而且一针见血。

文章是这样写的：仅仅因为会用到腰，我们就要在理论上特别建立一个"腰概念"，那我打球还要用到脚趾和脖子，是不是也要建立一个"脚概念"和"脖概念"。正手拉弧圈球是要把整个身体的力量都"运"到手上，而不仅仅是身体的某一部分发力。

当我试着随身体结构转身挥臂，而不是转腰挥臂时才恍然大悟，原来这就是说了多少年的以腰控臂，是调动全身的力量来击球，而不仅仅是用腰，解开了误导的绳索，球就打得舒展，进步了一大块，而解开这个心结的不是什么高手却是一个网上不知名的"草根"。

以前几乎所有的乒乓球教科书都是讲一大堆的技术动作，有些把你讲明白了，有些把你讲糊涂了，打球时总想着书里的动作，照书本打球，球是肯定打不好的。

许多所谓的真理都活在说教和探索之中，在实际中往往都是不存在的或者是伪命题，有些则是一些人为了自己标新立异的目的炮制出来的，它只能生存在语言或书本里，在实际当中则是一个见光死。但当人们都认为它是一个真理时就没人敢去反驳和质疑它了，以至于像乒乓球这种"转腰论"就这样一代一代地传下来了，许多教练自己不明白，却又稀里糊涂地教给了别人，能不能理解到这个"妖"，就看你的造化了。

国家队著名乒乓球教练吴敬平在他所写的《乒乓球反胶打法训练》一书中，在讲正手拉弧圈球时他这样写道：有一点值得注意，不管是什么样的拉球，动作必须和你自身具备的身体条件相吻合，只要不影响动作的发力就可以，没有一个固定的模式，只要把握一个原则，就是击球动作要符合击球力学原理，能让你稳准狠地打上球的动作就是自己的标准动作。

在直板怎样握拍这个很纠结的问题上，吴教练曾经这样写道：直板反胶打法运动员的握拍方法很多，没有什么固定的动作模式，因此握拍方法只能从共性的角度去讲。每个运动员可以根据自己的技术特点和习惯来决定自己的握拍方式，比如马林和王皓打法特点不同，在握拍方法上就有很大的区别，但他们都达到了很高的境界。有些运动员的握拍方法看上去不是很规范，但并不影响击球的力量和速度，你就不能说他的击球动作不好。

教练员在教运动员握拍时要掌握好共性与个性的关系，共性就是通过实践证明基本的握拍方法，个性就是每个运动员的握拍方法和基本方法可能会有些区别，以适合自己的技术特点。

这是我看到的乒乓球专著中最精彩的一段话。

教科书上讲的许多动作只是一个大概的参考指标，在这个指标范围内究竟哪一款适合自己，要靠我们自己在实际当中总结，找到最适合自己的方法；如果一味地按照书上的指标卡自己而不顾实际情况，那就会陷到教条主义的泥坑里无力自拔。

教条主义害死人这句话千真万确。

有一次我和国外的学者聊天，我问他英国的教科书说英国最伟大，法国的教科书又说法兰西最伟大，那学生到底信谁呢？这位教育家回答说学生谁都不信，教育便成功了。不迷信别人，不迷信书本，不迷信权威，敢于对现成的答案提出质疑。学习的过程就是培养、增强分析能力、辨别能力和判断能力，让学生越来越相信自己，越来越懂得用自己的眼光来审视这个世界，用自己的心灵来感知世界，用自己的思想来思考世界。要敢于独立思考，大胆质疑，而不管你是不是大多数，这是西方教育的精髓。

而我们的教育却恰恰相反，我们没有那么多的选择，在考试中长大的孩子们习惯标准答案，标答以外的东西肯定是错的，对权威的质疑会遭到来自权威和众人的鄙视和打击。我们一定要做一个标准的"好孩子"，但标准对不对就很少有人考虑了。

我们经常会有这样的体会，我们按照自己的感觉和体会做事时效果不错，但我们发现身边没有人这样做，于是我们对自己的做法就不那么自信了。如果再看看书上没有人写过这样的观点，那么信心又少了一截，如果再碰到身边的亲朋好友泼上几瓢冷水，再碰上一点点困难的话，我们就会因为对自己当初产生的那种有效的感觉失去信心而把它放弃了。

反过来也是一样，我们向别人学习，学了一段时间后发现效果不好，但由于学习的是名人是榜样，列宁同志说过"榜样的力量是无穷的"，再看看身边的人都在朝着这个方向努力去做，也只好压抑着自己的感觉把疑问删掉，认为是自己的功夫不到家，邯郸学步似的朝前走，就是这种不自信使自己和成功失之交臂了。

一千个人走向死亡容易，而一个人走向生存往往是很难的。

不顾自身的实际情况相信所谓的理论说教的思维模式，不知害了多少代人，而盲目跟风又是我们这个时代的一种时尚病，我们认为许多天经地义的东西往往是错的或者过时的，有些东西既不错也不过时，但是不适合自己，强拿来用就会成为锁住我们的一把锁，足以把我们的灵性成功扼杀得干干净净。

这样的锁在我们的思想上恐怕不止一把，它束缚了我们的天性与长处。有的锁来自外部，我们只有带着镣铐跳舞；有的锁来自我们的内心，因为我们无知没有经验，就要向别人学习，而在这时绳索已经开始困住我们的手脚了。我们往往会从书本出发，相信名师讲的东西是万古不变的真理，我们过多地强调共性而压抑个性，相信别人讲的成功经验是万古不变的真理，对自己的感觉却不那么自信了。

电影《天蚕变》中的主人公修炼一种叫天蚕诀的武功，据说修炼者若不通变化则会作茧自缚终而武功尽失，唯有晓悟变化才能最终破茧而出。

十二属相中，只有龙这种动物是没有的。龙作为神灵，我们自然要敬畏；但作为锁住我们心灵的绳索，我们似乎应该用一种新的眼光去仰望这条巨龙了。

道法自然，也就是说万事万物都在受着其自身的规律的支配。最能表达"道"的一个词就是规则，同样我们可以反过来说与我们这里所说的规则最相近的一个字就是

"道"。这包括自然之道，社会之道，人为之道。

这使我想起最近网上流传的一个段子：有一个学武术的人想练好一种功夫而成为武林高手，他看到《葵花宝典》一书中写着"欲练此功，必先自宫"，于是狠下心来把自己给阉了。伤愈后再读此书，翻过页来上面又写着"如不自宫，也能练成"。顿时大怒，翻过第三页上面又写着"如果自宫，未必练成"……

当然，金庸小说中写的《葵花宝典》并非如此，第一页是"欲练此功，引刀自宫。"第二句话是"若不自宫，功起热身。"

好为人师与好为人徒

> 一个没有经过臣服历练的人，
> 他的人格是不成熟的。

中国乒乓球队是国内沿用着"师徒制"的地方，只是换了个名称叫教练或是指导，虽然名称变了，但沿袭的授业方法却和百十年前别无两样。一个师傅带上两三个徒弟，每天摸爬滚打都在一起，对于运动员的心理、技术、状态，师傅都了如指掌，而教练传授给运动员的也不仅仅是技法，还有心法，还有一个最总要的作用那就是师傅是徒弟的信心指标。

我们经常看到国家队的运动员在赛场上比赛时，后面坐着他的师傅，比如马琳、王浩在场上杀得难解难分，他们的师傅吴敬平会专注地坐在挡板旁，不仅给他们布置战术，加油鼓劲，还会在暂停时给他们递上一瓶矿泉水，而且一定会把瓶盖拧开。

在中国，师傅和老师虽然都被称为师，但实际上是不一样的，老师教你的大都是课本上的显性知识，不是在黑板上写就是用 PPT 在屏幕上播放，总之都是言传，而师傅则不同，他除了教你显性技能之外，更多的还能教你许多看不见摸不着的隐性知识，即除了言传还有身教。

学生和徒弟的概念也不一样，现代教育体制下的学生只是教育工厂里生产出来的一个产品，只要考试合格你就能毕业，老师和学生之间的关系很是松散，甚至是相互敷衍，所以在大学里学生看不起老师是很普遍的现象，但迫于老师手里有学分这样一把尚方宝剑，为了毕业又不得不去听课来对付考试，在这种心态下，最终形成的是师生之间的一种博弈，甚至是欺骗，受学生崇拜的老师越来越少了。

徒弟则不同了，他要心甘情愿地拜师学艺。以前拜师学艺的仪式是很隆重的，徒弟要对师傅行大礼，除了敬酒敬茶、三拜九叩之外，还要念一种类似今天誓言一样的保证，使得徒弟和师傅之间建立起一种心灵上的契约，可见其庄严程度。徒弟一开始就会对师傅有一种臣服的心态，也只有在崇拜和臣服的状态下才能往深处学到东西，状态、气场、心境和学校是完全不一样的。

三年学徒中一开始师傅是不教徒弟太多专业知识的，都是从一些日常琐事做起，干一些零碎活，甚至是每天给师傅打洗脚水，但正是在这样一些不起眼的事情中，能够使徒弟身心得到全面的教养，师傅也在这种点滴中教会徒弟做人的道理，简单的师生关系变成了友情加亲情的家庭关系，有时甚至师傅会把自己的女儿许给徒弟，所谓"一日为师，终身为父"大概就是这样来的。

为了使自己能够成为名副其实的师傅，在带徒弟的过程当中，师傅也在不断地提高自身，这样才能做到为人师表，也才能"镇"得住徒弟。有的师傅自己的绝技甚至不肯告诉徒弟，害怕教会了徒弟饿死了师傅，而徒弟也常常要偷师学艺。伟大的恋爱都是相互奔向对方，好的师徒之间的关系也是一样。

在瑞士的手表行业和日本的丰田汽车公司还实行着严格的师徒制度。瑞士被称为"手表的王国"，我去瑞士参观时，看到他们几乎家家户户都在做手表，常常是一个师傅带着几个徒弟在一个小作坊里做一个手表零件，一做就是几十年。师傅带徒弟，徒弟又带徒弟，于是就有了"师爷"和"徒孙"之说，在瑞士还能看到这种没受到污染而传承到今天的祖师爷，知识与技能就这样一代代地传承下去，瑞士的手表也风靡全世界。

不知什么时候"师傅"一词在我们生活中渐渐消失了，代之以老师、教授、老板，但在我们人生道路上那个不称为师傅的师傅，却依旧存在着。在我们人生的成长道路上，我们总会碰到一两个贵人，他们的学识、视野、人品影响了我们一生，决定了我们以后的层次和高度。一个学生在学生时代能够有幸碰到一位像师傅一样的老师是很幸运的，成功率就会高一些。

我上小学的时候还是在"文化大革命"的年代,所有的文化都成了毒草,都被革了命,除了《毛泽东选集》和"马恩列斯"的著作以外,其他的书都被禁止了。在那极端扭曲的环境下,我的音乐老师在课余时间除了教我们学习小提琴之外,还给我们讲贝多芬、莫扎特、柴可夫斯基。他的爱人是一个指挥家,也是一个学者,家里有很多藏书,我们可以经常借去看,不懂的地方还会聚在一起向他们请教,我们在那样一种文化沙漠中学到了很多东西,在思想和素质上受到的影响对我们后来的发展起到了很重要的作用。这是我人生中的第一位师傅。

第二位师傅是20世纪80年代我第一次下海时,碰到了南德集团总裁牟其中先生,而且有幸做了他的第一任秘书,他超前的经商理念,活跃的思维方式,极具感染力的口才和在当时看还算渊博的学识,特别是他那种超强的汲取别人点滴知识转变成自己独特观点的能力,都对我后来经商那一点点成功产生了很大影响。南德集团也走出了像冯仑、潘石屹这样的优秀商人,牟其中算得上是我们大家的师傅。

孔子说"三人行必有吾师",中国古代没有大学,传授知识都是在私塾中进行,孔子说的这个"师"也应该算是师傅了,可见古人是很重视向身边的师傅学习的。

在今天自动寻师、偷师学艺更成为一种素质,培根说过"我们所有学过有用的知识都是自学的",而一个没有经过臣服历练的人,他的人格也是不成熟的。

今天我们虽然没有师傅,但"好为人师"的牛人似乎一天比一天多了,一见面没说几句就摆出一副"好为人师"的优越感来指点一番,总喜欢上来就把自己架在高人一等的姿态上,不是介绍自己过去如何辉煌,就是和哪位大人物一起共进过午餐,但真正做成了什么事就无人知道了,只看到吃完饭要结账时他一定是第一个起身上厕所,然后又风风火火地赶着走向下一个聚会。

在社会日益多元化的今天,这样的人可以有,但太多了社会就显得有那么点浮躁。

在我们今天号称已成为世界第二经济体的中国,是不是应该恢复一些"好为人徒"的文化传统?常言说"读万卷书不如行万里路,行万里路不如听万家言",这"万家言"就是我们千千万万个隐形的师傅,他们用自己成功的经验、失败的教训、做人的体会、微信中的感言,教会我们许多书本上学不到的东西。也许我们的姿态低一点,走得会更稳一些。

我愿在这里三拜九叩,给他们行拜师大礼。

第三篇　微出轨

革命会有副作用

> 任何一个美好的愿望都会有副作用相伴而行，但我们常常不知道从什么地方冒出来。

我有一位球友，他在圈子里战绩原本不错，自从看了《谁是球王》的节目之后，觉得拍子背面改用长胶能提高成绩，于是他决定把自己用了几十年的反胶撕掉贴上了长胶，想靠怪胶皮把圈子里的球友们一扫而光。他买了块大维388D-1长胶皮，贴上之后明晃晃地来到球馆，风风火火地找球友们杀了起来。谁知被打得灵魂出窍，输了个一塌糊涂。这老兄认为是换了长胶不适应，改革嘛，没有点头悬梁锥刺股的精神哪行。于是花钱请教练，勤学苦练，甚至上班还跑出去找国家队反面用长胶的前世界冠军齐宝香请教，回来被上级领导臭骂了一顿，弄得脸红一阵白一阵，当月奖金肯定是没了。

但这位老兄痴心不改，像愚公移山一样每天苦练不止，白天带着拍子上班，晚上抱着拍子睡觉，像是着了魔。经过好一阵的折腾，拍子反面贴长胶这一项技术练得差不多了，磕过去的球又低又转，但球技并没有因为他掌握了这项技术而提高，名次反而从原来的第二降到了几乎是最后一名。细一分析，都是因为改用了反面长胶这项技术给闹的。原来的系统已经打破了，新建立起来的系统符不符合自己的特点，自己未来的"乒乓生态"将会是个什么样子，目前很难预测。退回去吧，木已成舟，花了这么大的力气没见到成效自然不甘心，继续下去，前途未卜。这下可骑虎难下了，就这么一点点"改革"就引起了一系列的副作用，使这位老兄的乒乓系统产生了紊乱，成绩从山巅跌到了谷底，郁闷了好久，现在还没缓过神来。

这时我想起了一个话题："革命会有副作用。"

"谁是北京现在最牛的大爷？那绝对是风爷。风爷不给力，雾霾就让北京人困苦不堪，谁都没办法。风爷高兴了，吹吹气儿，北京的空气就又能呼吸一阵儿了。何以解忧，唯有风爷！我给风爷您作揖了：爷，您多吹两口！"

这是近年来在网上流行的一个段子。

霾是怎么来的众说纷纭，有人说是汽车尾气排放过多，要找中石油说事，提高油的质量。也有人说是取暖用煤和建筑工地烟尘太大，这话似乎也说得在理。还有人说是北京治理沙尘暴所造成的后果，如同我们手上沾满了油，用沙子一撮油就掉了，大气里边的油污就相当我们手上的油，沙尘暴来了洗一洗空气中的油滴，天就会蓝了，空气也就清新了。记得我们小时候北京冬天的大风经常刮得尘土漫天、地动山摇，为了治沙我们开始大量种树，为此还有一个植树节。树是种起来了，沙尘也治住了，**雾霾**却来了，带着重金属的油滴，人们称它为PM2.5，由于直径极小，所以通过鼻腔直接进入我们的血液，后果可想而知。

  在遭受一次又一次副作用攻击之后，我们容易发热和偏激的大脑似乎冷静了许多，开始提倡平衡。2013年四川省作文题目《过一种平衡的生活》，已经不像历年高考题那样指点江山壮怀激烈了。

  美好的变革都会有副作用相随而来，能治好病的灵丹妙药有副作用，所以往往是病治好了，人治死了。改变人类生活方式的高科技有副作用，使我们离大自然越来越远。革命同样会有副作用，它对社会造成的破坏力往往会贻害几代人，有时副作用所带来的危害甚至比改变事情本身还要厉害，最糟糕的是我们往往不知道它会从什么地方冒出来。许多当时埋下的隐患要许多年之后才显现出来，并不是立竿见影的"现时报"。到那时我们才能动手去根治这些副作用，但又会种下新的副作用的种子。

  如果我们用生态思维来看世界，往往会发现很难用好与坏来判断我们的决策，美好的愿望和最终的结果也不是1+1的线性关系，"塞翁失马焉知非福""祸兮福之所倚，福兮祸之所伏"的道理对于的中国人来说似乎显得更重要了。

中国人不信邪，相信人定胜天，因为我们是黄河的子孙，黄河一泛滥我们就齐心协力让黄河改道。历史上黄河改道无数次，因此我们相信这是人类努力的结果，我们感到人在大自然面前是伟大的。但你如果生活在喜马拉雅山脚下，就会感到自己有多渺小，这时才能体会到人在大自然面前是无能为力的。有位企业家提出把喜马拉雅山炸出一个口子，让印度洋的暖湿空气流进青藏高原，让青藏高原变成江南水乡。这个企业家叫牟其中，前南德集团总裁。

著名企业家王石50岁后开始登山，当他两次登上珠峰后，记者问他有什么感受，他只说了一句——要对大自然有所敬畏。他第一次登顶珠峰之前，和他一起攀登的藏民们会举行一种隆重庄严的宗教仪式，来表示对山神的敬畏，同时也是对自己的祈福。一开始王石不以为然，认为这是迷信，但当他两次登完珠峰之后才深刻地体会到其中的内涵。

上帝和大自然比我们聪明，所以才有了"人类一思考上帝就发笑"之说，所以我们要敬畏上帝，尊重自然，不要动不动就说人定胜天、愚公移山，像鲁迅《阿Q正传》中的阿Q那样"革他妈妈的命"。头脑一热，便来个翻江倒海卷巨澜，要知道革命也有副作用，这种副作用往往就是灾难。

科学有边界

> 随着科学的飞速发展，
> 科学越来越宗教，
> 宗教越来越像科学。

"有竞争的地方就有科学。"这句话我以前信。

"有冒险的地方就有宗教。"这句话我现在信。

打了几十年乒乓球，我曾一直虔诚地相信科学训练和标准的技术动作是打好乒乓球的唯一通道，对正手拉弧圈球、反手进攻、发球、接发球这些动作细抠到几乎刻板的程度，有时甚至用尺子去量自己的动作是不是符合教科书上的规范，多年的苦练之后，虽然每个动作似乎是标准了，但球技却仍然不高，最多算是个业余二流。

我渐渐地感觉到，当球打到一定水平后，许多看似非科学的因素所起的作用往往比技术动作本身更重要，像战略战术、球感、信心、天赋、状态，这些看不见摸不着但又确实存在的东西，那种无法用数字计算的感觉，许多从科学角度看来似乎是迷信的东西，却比技术动作还重要，一实一虚，构成了乒乓世界的全部，决定着你乒乓水平的高低。

许多乒乓球爱好者都有这样的体会，难分伯仲的两个选手在赛场上博弈，如果你上场之前就信心很足，那这场球你就有可能赢，但如果还没开始比赛你就显得信心不足，这场球就基本上输定了，可用科学的方法我们却无法衡量出信心重多少克或长多少米。

"断电"，这是乒乓球比赛中经常出现的一种现象，运动员赛场上打得顺风顺水胜利在望，突然因一个外界小小的刺激，甚至因为对方叫了个暂停，他就像停了电一样莫名其妙地不会打球了，稀里糊涂地就输了，为什么会这样，科学至今也无法找到原因。

我们经常说球感、悟性、天赋、运气，不仅现在的科学方法无法预测和解释，甚至用语言都不知怎样描述清楚。面对整个复杂多变的世界，科学能够解释的范围是很有限的，在生命、灵魂面前科学显得是那样无力，即使是在市场预测、疾病的治愈，这些离我们很近的事物面前，科学也是那样力不从心。

现代人多数都相信唯物主义，其实，宇宙的复杂程度是远非唯物主义能解释的。物质是死的，可世界是活的，物质现象是看得见摸得着的，但是真正起作用的是那些背后看不见摸不着的非物质的东西。

"虚"与"实"之间究竟是一种怎样的看不见的联系，

人类至今还很茫然，于是有些人把心交给了上帝。牛顿晚年研究神学，爱因斯坦后半生一直在致力于同一场论的研究，他相信一种宇宙宗教感觉。在《爱因斯坦文集》中他曾这样写道：科学家没有宗教就像瘸子，宗教没有科学就像瞎子。我们无从知晓这些伟大的物理学家的内心，但有一点似乎可以肯定，他们一定感觉到了来自科学以外的力量。

著名作家朗达·拜恩在2007年出版了一本叫《秘密》的书，在东西方世界都引起了很大的反响，她以一种全新的观点来解释人类心理活动和行动之间的联系，在唯物主义和唯心主义之间，在科学主义和神秘主义之间找到了一条曲径通幽的小路。

在酝酿这本书的时候，作者把物理学家、宗教学家、作家、神职人员、教师、影像工作者、心理学者、设计以及出版等相关人员聚到一起，每个人都从自己的专业视角来解释这种现象，最终所有的思路都汇集在一个点上，出现了一个交集，有了一种思想上的共鸣。从而使东西方读者对《秘密》这本书产生了共同的兴趣，成为一本风靡全球的畅销书。

《秘密》一书的中心思想就是：我们内心和宇宙之间，科学和我们还不了解的神秘世界之间，有一种超乎理性和逻辑的隐秘联系，这个神秘的世界西方人称为神或上帝，中国人称为佛和道。我们每一个人自身都具有能量，像一个信息的发射塔和接收器,在接收着我们人类尚不知道的神秘力量传递来的信息,我们的命运随着这种神秘力量一起跳动,主观上却又无法改变这种力量,而科学仅仅是这种神秘力量下面的一个小小的分支罢了。当科学家拼尽全力登上一座高山时,却发现神学家早已坐在那里了,而在他们前边却还有着更高的山。

乔布斯之所以能够开创苹果时代,是因为他有一种超乎常人的力量令世界无数苹果迷倾倒。他为什么会有这样一种魅力,可能和他青年时代最痛苦的时候中断学业去印度学习"禅"有关,也许那时在他的灵魂里,在冥冥之中注入了和西方科学不同的东方的神秘元素。正如爱因斯坦所说:"如果世界上有一个宗教不但不与科学相违,而且每一次的科学新发现都能够验证它的观点,这就是佛教。"

东方人向西,而乔布斯则由西向东。

西方重术,东方重道,道的优势短期不易显现,而随着时间的推移,术的缺陷必定是暴露无遗,道的高明也会不辩自明。可是人毕竟还是急功近利,喜欢术而不喜欢道。

在一次乒乓球赛中,刘国梁评价郝帅的发球时,说他的发球有点"冷",主持人问他什么叫冷,刘国梁沉吟了很久:"这个……不好说……"

用转速、弧线、落点来描述刘国梁说的这个"冷"都不够准确,我总觉得这个冷字中似乎带着一点"巫"的味道。

我们不敢小看科学的力量，它改变了整个世界，科学就像一束探照灯光，在这一束亮光周围还有很多黑暗，可我们却无法看到，但是我们能感知到它的存在，所以我们在讲理性的同时也要尊重感性，在相信逻辑、条理、文本的同时，不要排斥碎片、混沌与非逻辑。相信科学又不要唯科学主义，过分夸大科学的作用，也是一种愚昧和无知。

人感知世界有六种途径，眼、耳、鼻、口、手、脑，但还有许多东西常人的感觉无法触及，比如佛教中的六道轮回，物理学中的多维空间。在宇宙中，在我们人的丰富内心世界里，科学能够解释的东西很有限。所以当一个人理直气壮地对你说这没有科学根据时，他对宇宙的认识一定才刚刚开始。

科学很清楚明白，而宗教总有些神秘，所以人们认为科学是正确的，宗教是唯心的。但科学的正确是相对的，只有在一定条件下才合适，所以科学在不停地发展，不停地否认之前的结论，而宗教几乎是不变的，随着科学的不断发展越来越多的宗教结论得到证实，所以科学越来越像宗教，宗教越来越像科学。

爷制定了规则

> 爷制定了规则，
> 爹遵守规则，
> 最后是破坏规则的孙子们。

著名战地记者唐师曾开着他那辆被称为"大切"的吉普车，翻山越岭去诺曼底凭吊二战遗址，他在所撰写的《我的诺曼底》一书中曾经这样写道："人民群众创造了历史，却只能由英雄豪杰署名，制定规则的是爷级人物，执行规则的是爹级人物，遵守规则的是儿级人物，最后是破坏规则的孙子们。"

中国的乒乓球队是当今世界上最好的球队，所有的比赛都是所向披靡无人能挡，大小金牌尽收囊中，由此还产生了很多新名词，三连冠、五连冠、大满贯，总之是所有的奖杯统统扛回来，放在中国乒乓球队的陈列室里。

如此强大的乒乓之国，却没有制定规则的权力，规则是由英国人制定的，乒乓球台长274厘米，宽152.5厘米，高76厘米，网高15.25厘米，曾经每局比赛21分，现在变成了11分,设有男女团体、男女单打、男子双打、女子双打、男女混合双打七个项目。

小到乒乓球大到民族国家,都会有开创先河、在历史上有里程碑性质的爷级人物,他们创造了历史。中国一直自诩乒乓球是中国国球,其实"国球"是一直按照大英帝国制定的规则在进行。不仅是乒乓球,足球规则也是大英帝国制定的,10个运动员加守门员一共11个人,一场球踢90分钟,上半场45分钟,下半场45分钟,正好和学生每堂课的时间一样,什么叫越位、边线、手球,在哪踢角球,罚球点与球门的距离。

奥运会的价值观是希腊人定的,就是公平竞争。所谓公平竞争就是大家在一起,在阳光底下,聚集在一个同等环境下的环形广场中,就像古罗马的斗兽场,众目睽睽,赤膊上阵,这种公平竞争的原则就是当代体育的主题。

希腊人和英国人凭什么给世界制定规则?因为希腊是欧洲文明的源头,西方文化的精髓——民主与法制的萌芽就是在这里发端的。而英国是地球上第一个资本主义国家,也是世界上最早因为制定规则而强大的国家,殖民地曾经多得像大白菜,连太阳都能在自己的国土上永不落。能被世人称为日不落帝国的只此大英帝国一家,别无分号。它建立起世界上最先进的民主政治制度,有了民主自然就要有法制与民主配套,法律就是规则,英国贵族们,在敬畏民意的基础上,制定了适合人类的普遍准则,因为符合人性，这样的准则才有可能被大众接受，被人民推广。希特勒、斯大林、萨达姆……也都制定过规则，但都因缺乏民意基础，只满足一己之利，虽显赫一时却昙花一现，自己也因此遗臭万年。

民粹主义的爱国者们经常会壮怀激烈地指天发问："为什么我们中国不制定规则？"但放眼望去，不仅在科学上，几乎所有现代竞技体育项目的规则都不是中国人制定的。

在我们千百年来的文化传统中，规则就像一桌麻将，从来就不是因为要遵守而制定的，几千年来皇帝的口谕就是规则，圣旨就是那个社会形态中的最高指示。1911年皇帝没了，中国唯一制定规则的人被打倒了，这时人们反而不适应了，谁来制定规则呢？谁厉害、谁手里有枪谁就来制定规则，于是就有了那句"枪杆子里面出政权"的有名论断。于是人们为了争夺规则的制定权开始厮杀，民主与法制那不是咱们爷儿们考虑的事，胜者王侯败者寇，这才是硬道理。

很多年来我们一直在为推翻一个旧世界而努力奋斗着，而破坏是不需要讲规则的，有的学者把这种现象称之为"破坏性创造"，而破坏的往往比创造的多。破坏一个旧世界比的是谁更厉害，看谁狠，谁比谁更坏，谁比谁更没底线，于是我们有了"三十六计""孙子兵法"，一个比一个没底线。

我们也有自己的规则，但与西方文明的规则相比最大的不同之处在于制定者可以任意修改规则，我们总希望别人遵守规则，而自己是例外，总希望别人不搞特权、不走后门，而自己却因为有那么一些可以不遵守规则的特权而感到自豪，我们太习惯在别人制定的规则后面搞修正主义，在上面加上奇技淫巧，把事情搞得阴风四起鬼气十足，而自己则在乱中得到好处。我们经常会听人说"犯了事没关系，我有人可以铲"。于是规则成了春晚刘谦手里的道具，一句"下面就是见证奇迹的时刻"就能让你变得张口结舌。史无前例的"无产阶级文化大革命"就是极端地不守规则，所有的规则都可以不遵守，甚至任意践踏宪法。

拿破仑作为一个伟大的军事家和政治家而名垂青史，但他自己却说他对法兰西最大的贡献是他制定了一部拿破仑法典。美国自由女神像一只手高擎火炬，另一只手紧握着的是一部美国宪法。翻开看看，你会发现里边并无空洞无味的辞藻，说得都很具体。资本主义世界就是合同的世界，契约是这个社会的精髓，而这恰恰是我们当今社会所最缺少的。

中国人什么时候才能真正具备这种精神？乐观者说需要一百年，悲观者说在中国根本无法实现，理由是我们的酒太好，有事先不说清，事后说不清。说不清怎么办？那就去喝酒，喝醉了更说不清，那就要看你醉到什么程度，喝倒了你就够意思，事情就这么定了，就这么乱着干了，干成什么样我管不了，反正有下一任。现在中央提出的禁酒令不仅是反腐倡廉，也是在提倡一种民族的契约精神，我举双手赞成。

改革开放30多年来，我们从一个吃不饱穿不暖的穷国，一跃成为世界第二大经济体。山乡巨变，在吃穿不愁、还有资格浪费的今天，我们终于发现仅仅是经济高速发展而文化不能与之配套的话，那这栋盖在沙漠上的大厦终会崩塌下来。领导者们警惕了，提出依法治国，这回可是动真格的了。

有一天我跟一个乒乓球专家聊天，他说乒乓球规则改变了很多，越改越对中国不利了，以前乒乓球是白色的，球的直径为38毫米。后来乒乓球改成橘黄色，球的直径变成40毫米，速度显然比以前慢了许多，颜色又改回成了白色。过去中国人在拍子上有很多奇技淫巧，现在对拍子的质地、尺寸等都有严格的限制，连粘拍子的胶水也从有机变成了无机，使一些靠胶水提高速度的运动员受到了很大的影响。过去发球可以隐藏在台面以下，可以用身体遮挡，现在这些"技术"都被严格禁止。过去一局球是21分，现在一局仅有11个球，对中国有利的传统规则，已经渐渐远去。因为制定规则的权力不在中国人手里，技术上打不过你，我就在规则上战胜你。据说乒乓球还要从奥运会项目中被取消，你有一身本事我不跟你玩了。如果真是那样，对乒乓运动又是一次巨大的打击。

中国总是在一天天走向民主和法制，讲究信誉在我们的生活中也变得一天天重要起来,不仅地沟油、毒奶粉、盗版碟成为人人喊打的过街老鼠,在我们的身边也日易发生着细微的变化。

  有一位球友,在我们球友圈子里是级别最高的领导干部,我们在一起打了十几年球,他经常根据自己的需要改变规则,发球不抛起是家常便饭,在打几局几胜定输赢上也是根据自己的需要临时决定,谁说他不守规矩他跟谁急,说这是对他的不尊重,大伙敢怒不敢言,球也就这么稀里糊涂地打着。终于有一天我们忍不住了,联合起来"声讨"了他一番,他竟乐呵呵地接受了,从此成了遵守规矩的楷模,我对他的看法也由蔑视转为尊重。虽然这个微小的变化他用了十年。

黄昏里挂起一盏灯

> 孔子一生没有写过一本书，
> 文明的源头是聊天。

不知在什么时候，北京的沙龙群落开始悄然兴起了，像是一场细润无声的春雨洒过，一夜之间开出满山遍野的映山红。

记得童年时的夏夜，我们在院子里和大人们一起乘凉，听着他们山南海北地讲着各种各样的故事，是那样津津有味儿，他们的话有的我听懂了，有的我听不懂，但能看得出来那是大人们一天最高兴的时候。那时一个大院住着几十家，邻居们经常走动，张家蒸几个包子会送到李家，王家树上的枣熟了会在院子里给每人分上一碗，虽然邻居们经常会吵架，有时吵得还挺凶，但过几天又和好了，分分合合那也是滋味，俗话说"远亲不如近邻"，那时人们虽然穷，但并不像今天这样寂寞。

今天当我们在高楼大厦中眺望京城万顷灯海的时候，

当我们在电脑、网络、手机的丛林中让思想飞一会儿的时候，蓦然发现我们已经没有近邻这个概念了。我们可以在网上订到我们所要的全部生活用品；我们可以一个月不出门而详尽地知道世界任何一个角落发生的事情……"邻居"一词已经名存实亡了，"宅男""宅女"成为新名词进入了我们的生活。

我有一个好朋友连搞设计带失恋在家宅了半个月，我去找她的时候，发现门外塞满了形形色色的小广告，她脸呈菜叶色，人比黄花瘦。我赶忙拉她到院子里走一走，她告诉我走起路来腿都发软，没走多远就一屁股坐在小区的长椅上。我不知道她这种宅生活后来持续了多久，只记得有一次她打电话给我，说医生给她开了一张诊断书，上面写着"中度抑郁症，建议服用百忧解"。说完放声大哭。宅久了人容易变得神经。

当我们尽享科技和财富给我们带来的美好时光的时候，高楼大厦阻断了人与人千百年来的自然交往，我们陷入一种从未有过的孤独与寂寞之中。我们不知道自己的邻居是谁，不知道在网上和你聊了很久的朋友是男还是女。

罗丹曾经说过这样一句话："人的本性如果你用刺刀把它割断，得到的不是减弱而是增强，而且这种增强往往是畸形的。"人性就像一只钟表的摆针，在某一个时刻会偏离原点，但最终还会摆回来。

历史就是在这种摇摆中跌跌撞撞地向前走的。

新东方的创始人之一、著名图书收藏家王强曾经这样说过:"喜新厌旧的本性使得人总是从熟悉到陌生,再从陌生到熟悉的循环往复中寻找到自己的快乐。"

当我们熟悉了网络世界的繁荣之后,人类喜欢群聚的天性又让我们回到与人交往的空间里来,只是我们不再像贫困年代那样穷聊,而是形式多样全副武装罢了。口袋里有了钱,就会把生活中一些简单的事情复杂化,而最终成了艺术,如登山、钓鱼、高尔夫,现在该轮到聊天了。沙龙与聚会成了当年大人们乘凉聊天的升级版。

今天北京城里的沙龙也不像以往那样单一,就是在一起喝点小酒撮顿饭,已经是形式多样,而且开始细分与交叉,有在家里办的客厅沙龙,有在书店里举办的读书沙龙,也有以演小电影为主的影厅沙龙、高尔夫沙龙、网球沙龙、乒乓沙龙也是近年来兴起的沙龙形式。样式虽多,但万变不离其宗,就是一个"聚"字,在回归人类天性中寻找快乐,聊得尽兴了,开心了,气顺了,生活也就有意思了,新的思想、理念、视角就在这漫不经心的聊天中萌发……

"文明的源头是聊天。"在一次聚会中一位国学大师的这句话让大伙乐喷了,但这位老兄却一本正经地继续着他的高论,"柏拉图是古希腊文化的奠基人之一,但他一生却没有写过一本书,他的思想、观点都是在和朋友、学生交谈中零散地说出来的,后来他的学生德谟克利特把这些零星的观点整理成书,渐渐形成古希腊的哲学思想,这些思想如同一把火炬，照亮了人类的精神家园。无独有偶，孔子作为中国文化的奠基人之一，一生也没写过一本书，他一边讲学一边带着他的学生们周游列国，而传世之作《论语》也是他的学生子路记录先生谈话，把其中的精彩片段汇集成书。孔子距今2500多年，《论语》中每一段话很少有超过140字的，圣人就是圣人，那时候就知道发微博了。"

刚才还笑得前仰后合的沙龙朋友们此时一致拍手称赞，公认这是高论。

人类进化的过程是先有语言后有文字，所以人类文明的源头是聊天。本来还有点担心聊天耽误时间的我，今天算是找到了理论根据。这样的观点读书是读不来的，沙龙当中有高人。从此我可以把聊天当成一项事业了，还有着几分使命感。

在宅了许久之后，我一跃成为一名沙龙控，工作之余不再把自己关在房间里和自己较劲，而是投身到沙龙的洪流当中去，和别人略有不同的，由于我是个半吊子的超级球迷，在参加文化沙龙和企业沙龙的同时，乒乓沙龙也是我的最爱。

乒乓球起源于英国皇家贵族，在室内体育运动中属于既儒雅又带一些张力的体育项目，它既是体育运动又是高智商的博弈，因此有很强的沙龙性，很适合交友聚会，有人戏称乒乓球为"沙龙球"。黄昏时分几个朋友聚在一起打打球聊聊天，然后出去一起吃顿饭，既能享受到交谈的快乐又能出一身臭汗爽个透，真是其乐无穷。

全国有多少这样的乒乓沙龙无人知晓，我想应该不会比房屋中介少吧。一盘球打下来，话总比球要多，老张说说技术，老李说说心理，老王总结总结，一些话讲得蛮有哲理，许多观点很是独到新颖，日积月累也快成了"乒乓文化的源头"。每每这时我总会拿出笔来把这些思想的火花记录下来，若干年也记了几大本，所以我的球技总是比他们进步得慢，比赛总是败多胜少，笔记却是从少到多，不知不觉已经记了十几万字了，记得多了便产生整理出书的念头，踏着孔子学生子路的足迹前进，把那些聊天的"文明源头"整理出来，在写书中还能自恋一番。

我把这个想法和国家队前世界冠军齐宝香说了，她一拍球台说："你太应该写一本这样的书了，我们打球的人会写书的少，会写书的又大多不是球迷，心里有想法憋在肚子里说不出来。"为了写这本书齐宝香介绍我采访了许多世界冠军，从许少发到徐寅生，从张怡宁到丁宁，既是采访也是聊天。我像一个在荒漠中寻宝的阿里巴巴，喊了一句"芝麻开门"，没想到真的有一座大门打开了，里边放着无数的宝藏，那就是世界冠军们丰富的内心世界和鲜为人知的故事。他们的理念、智慧当之无愧地走在了大潮的前面。

"是谁传下这行业，黄昏里挂起一盏灯"，这是北京的万圣书园店奉行的行业理念，用来形容中国的乒乓沙龙，真还挺合适。这盏灯让情趣相投的人们又重新聚在了一起，交流信息，谈天说地。

我不知道当年柏拉图和孔子是怎样坐而论道、述而不著的，我猜想和今天的沙龙应该有某些相似之处，他们大概也喜欢聊天。

"正气存内,邪不可干,
邪之所凑,其气必虚"。
这话老祖宗在几千年前就说过,
今天仍不过时。

东邪西毒

记得2013年的夏天来得很晚,都7月了天还不热。

当时中央电视台连续播出了全国乒乓球业余选手比赛实况,并冠名为《谁是球王》,球王这个名字起得恰到好处。以前电视上播出的乒乓球赛都是国家队的比赛,正规的皇家禁卫军,一招一式都代表着当代国际乒坛的最高水平,体现着皇家的霸气和正宗,引领着潮流。

而球王比赛就不一样了,他们被冠以来自民间的草根选手,天生就是第二板块了,打到冠军顶多也就是个山大王,和水泊梁山的宋江、李逵差不多,即使招安了也就只能戍边剿匪,没有皇家血脉,终归不是正规军。

在电视里多少年来我们一直都是看着国家队的高大形象,从1963年庄则栋拿到第一个三连冠,到2013年中国队李晓霞拿了她乒乓生涯中的第一个大满贯,中国乒乓球队称雄世界乒坛半个世纪之久，打遍天下无敌手，今天更是孤独求败。我们在屏幕上看到满目都是国徽、五星红旗，猛一下看些个五花八门的业余选手出现在电视屏幕上打打杀杀，各种闻所未闻、稀奇古怪的招法四面冒出，视觉上还真有点不适应。

可别小看这些草根选手，上了电视却也足足地吸引住了乒乓球业余爱好者的眼球。尤其是男子单打决赛，两位选手的名字一个叫做"东邪"，一个叫做"北丐"，大有点金庸小说里武林高手的味道，用的都是怪球拍，打法则更邪乎了。据说被称为"东邪"的选手用的长胶球拍，用福尔马林液泡过几十遍，打出球的速度和旋转的刁钻程度十分罕见，传说这位年过花甲的"东邪"赢过200多位专业选手，连国手都接不好他的球，真像是电影《叶问》中的鬼脚七，可谓邪气冲天了，但在这次电视实况转播的决赛中他却输给了他的手下败将，人称"北丐"的选手。

小道消息称他这次失利并不是由于发挥失常，而是他那块奇怪胶皮不符合国际乒联的标准而遭到对方的强烈抗议，无奈中他只好按国际乒联的规则改用了没有经过福尔马林液泡过的胶皮，球不那么怪了，才导致了这次失败。

这是我第一次在电视屏幕上看到乒乓球的专业与业余的巨大反差，依我几十年来对乒乓球的热爱，我深知在业余乒乓球的汪洋大海中，像"东邪"与"北丐"这样的选手仅仅是冰山一角，更多的怪拍邪招因为没有上过电视我们还根本不知道。有位专利局的朋友告诉我，光是在球拍上奇技淫巧所申请的专利就达几百种之多，打法上的暗器、黑招更是数不胜数，其目的只有一个，那就是想赢球，这就像体育运动员参加竞技比赛为拿冠军服用兴奋剂一样，是完全背离了体育精神的邪脑歪筋。

我有一位朋友属性情中人，我们在一起看球，看着看着他突然大拍桌子吼道："这是什么节目，这不是把乒乓球往邪路上领吗？"对此我深有同感。因为我的一位球友看完这个电视后认为自己的打法过于正统，也把自己反胶的胶皮撕掉，换成了怪胶。他性格很耿直，在打法上也是中规中矩，靠基本功和意志品质赢球，突然换上一块这样的怪胶皮，就像一位绅士上身一件西服下身穿了一条缅裆裤，显得那么不协调。我预感他顺着这条邪路走下去，不仅会失去乒乓球应有的快乐，使用长胶这种怪异的打法，也会使他的性格产生变化，人由憨直变得阴损，完全失去快乐乒乓、强身健体的目的。

职业球员打球，输赢决定了自己的运动生涯，业余选手则不同。对业余选手来说，输赢并不重要，打乒乓球健身快乐才是第一位的，追求快乐是乒乓球业余选手打球的最高境界。如果为了输赢而放弃快乐，那就本末倒置了。在本末倒置的路上走得太远，久而久之就会变邪。

在中国文化的底色元素中，从来就不缺少邪恶的东西，菩萨和妖怪在一座庙里，斗了几千年，至今未分出个胜负来。每当正义的曙光一出现，第一个凑上来的不是黎明与蓝天，而是邪鬼与恶魔。

公元1949年，一位伟人站在天安门城楼上自豪地宣布：中国人民从此站立起来了。之后，我们走过了怎样的一条道路，世人共知。今天当我们刚刚吃饱穿暖，不再一家人穿一条裤子的时候，当我们终于看到了市场经济的曙光照到这块古老土地上的时候，我们民族文化中那股生生不息的邪火贼风又开始扑面而来，并形成燎原之势。地沟油、苏丹红、三聚氰胺、向地下注入污水，各种诈骗五花八门。在那些投机取巧面前，你防不胜防，不能不为这个民族在邪路上疯跑中所展现出来的大智慧深深折服。

其实在我们的现实生活中，邪恶的污泥浊水常常兴风作浪，正义被推到了边缘，劣币驱逐着良币，野蛮取代文明，所谓正义终将战胜邪恶，只是人们的美好幻想罢了。邪恶从来就是与正义结伴而行的，都是以对方存在为自己存在的前提。没有正义，邪恶就会吞噬人类，但如果没有邪恶，正义也会失去光芒。

要想邪气与正气不再你死我活地斗下去，能够合二为一、和平相处，唯一的办法就是民主与法治。用法律作为正义力量的标准，国家才能长治久安。这一点，西方比我们早走了几百年。实践证明，民主与法治是目前人类能够找到并通过实践证明最好的社会制度。其他制度我们都尝试过了，在梦想和失败中付出了笔墨所无法形容的巨大代价。放眼看去，世界上实行民主与法治的国家都强大了起来，使这种制度在今天成为全人类的价值观。

"正气存内，邪不可干，邪之所凑，其气必虚。"这话老祖宗在几千年前就说过，今天仍不过时。

我们天生不会和邪恶同流合污，我们要与那些邪恶之徒肉搏到底，但与此同时也要会那么一点点以毒攻邪，那么一点点与邪共舞……

预判

> 世界是不可知的，
> 未来是不可预测的。

乒乓球是一项室内运动，风吹不到雨打不着，运动量适中，又没有肢体碰撞，在众多的室内运动中乒乓球是一项很滋润的运动，同时又是一项高智商的体育项目，它训练培养着人的多种能力，如胆量、反应、设计、战术，然而在众多能力中还有一项能力，那就是预判力，要在一瞬间判断出对方回球的旋转、落点、速度，还要马上做出反应，经常会把人的能力逼到极限。

前世界冠军齐宝香在介绍自己打球经验的时候就曾经这样说过："我在锻炼预判上所下的功夫和其他基本功一样多。开始预判成功率并不高，对手经常会把球打到你所想象不到的地方，但练得久了，预判水平就提高了，后来大部分球都能判断出来，即使不能很精确地知道对方把球打到哪，心中也有一个大概的范围，动作上有一个起码的准备。一场球打下来，如果你能有50%的球都预判出来，这场比赛你多半就赢了。"

这讲的就是预判，是人类众多能力和本领中十分重要的一种。

尽管预测未来似乎不是人类的长项，但人类从来没有停止预测未来，以至于未来学成为一门独立的学科，让无数学者奋斗一生。尽管如此，我们现在也只能对10天以内的天气进行较为准确的预测和判断，但对于事物中长期的预测，特别是对历史走势和投资赚赔这些掺杂着太多非理性东西的预判，人类还无能为力，只能听从上天的摆布。

一个悖论产生了，一方面我们知道未来不可预测；另一方面我们又在努力预测着未来。于是产生了线性和非线性两种不同的思想和学说，这两种思维争论的焦点就是未来能不能预测。线性思维认为这个世界是有规律可循的，通过对规律的把握和逻辑的推演能够计算出未来的模型，比如马克思通过对资本的剖析预言人类社会最终将进入共产主义，中国古代风水先生用罗盘算命，观天象预测五百年。

非线性思维的中心论点，是认为未来的确是不可预测的，因为其中有太多的偶然因素，客观环境的瞬息万变和人类的疯狂非理性的行为，这些都没有规律可循，因而他们认为预测未来是一件荒唐事，甚至对人类十分有害。

人类预测未来经历了无数次失败，之后变得聪明了许多，知道人定胜天是一种幻想，世界永远是不可知的，但人类并没有因为自己不能成功预测未来而变得气馁，我们在努力探寻着将来有可能发生的事情。凡尔纳在200年前写下的《海底两万里》《格兰特船长的儿女》，在当时还被认为是科幻小说，但其中许多预言今天都实现了。在人们还仅仅使用小木船出海打鱼的时候，他预言今后的船会在海底行走，而今天的潜水艇和凡尔纳预言的大体吻合。他预言的电弹就是今天的激光枪。

20世纪80年代，未来学家托夫勒在他的名著《第三次浪潮》中预言人类将进入信息社会，网络将成为人类的主要通信工具，人们会在家里办公，这些预言今天都一一应验了。

今天，许多学者也在研究未来学的同时，大胆地预测着明天，北京有许多这样研究未来学的机构和沙龙，为我们勾勒出一幅幅或美好或可怕的未来图景。

金融大鳄索罗斯曾经这样说过：投资尽管千变万化，能给人们带来巨大财富，也能让人倾家荡产，甚至丢掉性命，但归根结底投资是一种对未来的看法，你看空我看多，你看涨我看跌，双方产生了分歧，博弈就开始了，财富因此产生了转移。

毛泽东曾经说过，一个谈，一个打，我们要用革命的两手对付反革命的两手。这是告诉我们在无法对未来做出清晰预判时，要做好两手准备去应对未来可能发生的事情。

这是他老人家几十年前的话了，对于今天这个多变的世界，两手准备已远远不够。据说美国中央情报局对于世界未来可能发生事情的预测都有相应的预案，一个国家的实力也体现在对未来的预测和准备上。我们必须清醒地看到，对手不仅在和我们赌今天，更在和我们赌未来。

"凡事预则立，不预则废。"这句话出自《礼记·中庸》，是西汉武宣时代礼学家戴圣编定，据说是孔子说的。这个"预"不仅包括准备，也包含预判。

世间不如意的事情十之八九，常常是我们预测的东西没有发生，我们准备的方案也都落空了，那就只有随机应变见招拆招，拼的是毫无准备的临场反应能力，这一点在乒乓球运动当中更是体现得淋漓尽致。很多时候我们不知道对方的回球在哪，对它的旋转、落点、弧线也判断不明，但靠临场反应很多球也能回得不错，有时还能因势利导打死对方，可见预判能力和临场反应能力两手都要抓，一个不能少，这是我们在这个世界上安身立命的武器。力求比对手多预判出那么一点点，反应能力快上那么一点点，然而就这么一点点足以成为失败和成功的分水岭了。

我们生活在人类发展史上少有的转折点上，这样说可能有些自恋和悲情，每一个时代的人都会说自己这个时代发生了伟大的转变，而激情满怀地投身进去，但互联网的出现把人类带入信息时代，使全球一体化，地球变成了一个扁平的村落，由此带来的革命性变化是人类历史上从未有过的，变化之深转折之大常常会让我们目瞪口呆，这就更使得未来变得错综复杂、扑朔迷离。

世界最终是不可知的，未来也无法准确预测出来。如果事先知道未来一定是光明，我们就不用努力了，可以高枕无忧地坐待天明；如果知道未来一定是黑暗的，我们也不用努力了，可以认认真真地坐吃等死。

正因为未来不可预测，所以我们需要奋斗。

向氛围致敬

为年迈的母亲送上一张贺卡，
大胆地拥抱一下你身边的朋友，
在环境改变的同时
你会发现自己也在改变，
这就是氛围的力量。

那一年的夏天，在广安门体育馆举行的中日中老年乒乓球对抗赛，选手大都是些五六十岁的乒乓球爱好者，其中还有一些20世纪六七十年代的世界冠军，中日两军对垒，打得热火朝天。我是个中国观众，自然心系伟大祖国，为中国的老运动员们加油呐喊。出于写作的需要和好奇，我也想看看这些远渡重洋到中国打球的日本"老兵"们的生活状态，凭着手里混到的一张出入证，我走到了他们中间。

场上运动员打得很认真，可能是日本队处于劣势，他们打得就会更紧一些，但给我印象最深的却是坐在挡板后边的那十几位老人，他们目不转睛地盯着场上的队友，每赢一个球都齐声高喊"呦西"，声音整齐而洪亮。整场比赛打下来要两三个小时，而每个球他们都会为自己的队员鼓劲，让你感到有一个强大的后盾在支撑着。运动员们打球都会随身带着一个球包，里边放着球拍、球衣等打球必备的东西，他们的包整整齐齐地摆放成一排。每个选手上场之前都要整理一下自己的球衣，和每个运动员合一下掌，然后提着拍子信心满满地走向赛场。

我们老年队的团队氛围相对就差得多了，台上运动员比赛时下面的人在互相聊天，有的在吃零食，有人在低头看手机，在台上比赛的似乎不是自己的队友，偶尔爆发出一两句叫好的声音，多少也显得有些漫不经心。最明显的对比是，当球打到关键时刻日方选手叫暂停后，他们全体运动员几乎都站起来围着教练员给队友出谋划策，而我们这边两个教练员还要相互客气地推辞一番，其他运动员若无其事地坐在那里面无表情，给人的感觉是这个团队不太团结，最后这场球中国队勉强赢了，但在团队氛围中我们却输给了对方。

做事情是需要讲究氛围的，在不同的氛围下所做出的抉择常常是一个天上一个地下。氛围会让你感到一种品位，一种无言的骄傲。在许多时候氛围能产生一种力量，使你有一种心灵上的愉悦与升华。

日本文化中是很注重氛围的。一般来说厕所是个很脏的地方，可东京的厕所很少看到污秽，不仅打扫得干干净净，墙上还会贴一些有趣的小图片，方便完抬头望去，墙角的一块隔板上还会摆放着一束鲜花。日本的花道、茶道更是把一种氛围推到了极致，从而成为了陶冶心灵的艺术。

有一次我接待一个日本商业代表团，上午是一个休闲活动，大家穿得比较随意，中午吃完饭以后离下午谈判的时间不到十分钟了，这些"鬼子们"却齐刷刷地离席回到了自己的房间，我心里有点纳闷，就这么点儿时间难道还要回去"小眯"一会儿不成。可当我从餐厅溜达到会客室时，他们却都一个个西装革履地端坐在那里，原来他们是回房间换衣服去了。而我和我的同事们却还穿着上午的休闲装，想回去换已经来不及了，多少显得有些尴尬。

中国这几十年来商业有了长足的发展，在商业氛围的打造上已有了很高的水平。

有一次我的车被撞了，到一家保险公司指定的修理厂去修，那家工厂不大，地点也比较偏僻，只是因为开车比较方便，所以我抱着试试看的心情去了。从把车开进院里保安指挥你停车开始，到前台的接待，保险公司的业务员定损，每个环节都很热情周到，而这种热情不是为了拉生意强装出来的笑容，是发自内心的微笑。第二天我接到电话告诉我车修好了，我去取车时，看到那辆车从里到外被冲刷得干干净净，连轱辘都冲得一尘不染，而且是用布擦过的，这辆车开了十年了，轱辘从来没有这样干净过。事情做到这我当然很满意了，正准备交钱把车开走时，业务员却把我领到了后面的车间，车间不大，但是技师们不仅着装统一，工作节奏也很快。

业务员把我带到一个工位面前，技师马上放下手里的活,从里边拿出一个纸箱来,上面写着我的车牌号,箱子里都是从我车上换下来的废旧零件,他对照着单子逐项跟我讲清楚,这个程序在其他修理厂我是没见过的。技师年纪不大,但他脸上那种诚恳的表情和憨直的目光却是我许久没有见到的了。在一连串的谢谢之后,我去前台交完款,带着一种满意和被尊重的愉悦开车准备离开,可车库门口比较狭窄,我的驾驶技术也不怎么高,打了几把轮还没把车倒出去,这时一个过路的技师走过来很礼貌地对我说:"您下来,让我来吧。"他很娴熟地把车开了出来。

我谢过之后坐到驾驶椅上,他又习惯性地帮我关上了车门,可这时我却并没有把车开走,而是回到了前台,毫不犹豫地把我明年的保单转给他们。两个月之后,我还接到了他们的回访电话……我想我以后不会再去别处修车了。

这是我在北京一家名不见经传的小修理厂经历的一段不平凡的小事情,我一直想见见这个厂的老板,看看他是一个怎样的人,能营造出这样一种打动人的商业氛围来,可惜至今未能如愿。

我愿向这种氛围致敬。

中国文化千百年来是很讲究氛围和意境的,只有在那种氛围下才能产生那么多优美伟大的诗歌。曹雪芹是贵族,在写《红楼梦》时要让读过书的丫鬟先点上香、沏好茶,是不是要弹上一首古琴就不知道了,但"红袖添香"的故事据红学家们考证确是事实。

在经过近一个世纪的杀戮、贫穷、扭曲和野蛮之后,在我们的生活中,氛围意识已成为难得一见的稀有珍品了。做太太的会在客厅里数落丈夫,老公当着朋友的面发脾气,哪懂得营造氛围为何物。忙着应付考试的孩子们在他们的字典里也查不到氛围教育这个词。

朱自清在《论朗诵诗》中这样写道:"那诗稿以及朗诵者的声调和表情,固然是重要的契机,但更重要的是那氛围,脱离了那氛围,朗诵诗就不能成其为诗。"

一群青年学生阅读几篇枯燥的劝说材料,其中一部分学生在休息时得到可乐和花生,而另一部分学生则没有。结果显示,享用过花生和可乐的学生比另一部分学生对材料内容持肯定态度的多。这就是著名的"花生试验"。很显然,影响人们判断力的并不是可乐和花生本身,而是它们所营造的气氛及为学生带来的愉悦心情。因此,无论是在营销或是在企业招聘中,营造良好氛围大有裨益。

氛围本身不是惊天动地的事,却又与惊天动地水乳交融着,它体现在我们生活中的点点滴滴,折射着一个人、一个团队的素质与品位。氛围同时也是包装,同样一个东西在不同氛围面前会体现出不同的价值,所以我们不管做什么,都要学会重视与之相关的文化氛围,这样才能把事情做得更好。

为年迈母亲送上一张生日贺卡,在妻子的衣前别上一枚胸针,朋友生日发去一条问候的短信,把凌乱的办公桌收拾得干干净净再摆上一盆鲜花。在改变自己的同时,你会发现环境也在改变着,变得柔和、光鲜、有趣了。你会发现自己的内心也在改变,变得阳光、宽容、愉悦。

这就是氛围的力量。

单一的背后

美国社会中总有那么一些奇怪的人，做着那些在我们看来奇奇怪怪的事。

中国的乒乓球太强大了，强大到没有对手，世界上的任何比赛，金牌银牌中国队都尽收囊中，英文这叫"托拉斯"，北京老话叫"包圆儿"。

看到五星红旗冉冉升起，国歌高奏，冠军们高举奖杯，接受观众的掌声与喝彩的时候，电视机旁的我会被这种场面感动得热泪盈眶，但同时又有一种隐约的担忧，因为无论在历史的长河中还是在人类与大自然的生态环境里，过于单一和强大到没有对立面的东西，最后都会自己把自己消灭。

稍有乒乓球常识的人都会知道，中国队的打法过于单一，基本上都是横板正反手拉弧圈球的打法，中国男队十几年来只有马琳、王浩、许昕三名直板选手，而女队几乎是清一色的横板两面攻打法，早已看不到其他打法的影子了。

在我们的文化属性中，一直有着用单一标准衡量事物的传统，我们习惯全国人民遵循着一个标准，小时候看电影，革命者一定是高大全式的英雄，是火眼金睛无往不胜的孙悟空，坏人一定是长着三角眼，像丑八怪的"屌丝"。经常听小孩子这样问大人："妈妈，妈妈，这是好人还是坏蛋啊？"那时社会上划分人的标准就只有两种：自己人和阶级敌人。

到了20世纪70年代末高考恢复，考大学的热潮席卷全国，一时间能参加考大学的都拼搏上阵，但只有1%的人榜上有名，全国千百万考生能考上大学的只有十几万人，那时考上大学的人可真神气啊，被誉为时代的宠儿，天之骄子。于是学历又成了划分社会价值的一个标准，社会上的人被划分为两种，有学历的人和没学历的人。

20世纪末随着改革开放的深入，唯文凭论不那么时兴了，钱成为衡量一个人社会地位高低的标准。中国的商人千百年来社会地位一直不高，不要说和官家平起平坐，就是和文人相比也要矮上一大截，现在可是足足地神气一把了。"老板"一词成为流行语，连学校的校长研究所的所长也被尊称为"老板"，于是社会上划分人的标准又变成了有钱人和没钱人。

在一个国家和民族中，当他们衡量成功与失败、高尚与低下、伟大与渺小都只有单一的标准"钱"的时候，那其实是很危险的,背后往往隐藏着一种势利和投机,甚至是一种卑下的欲望,而我们自己也会不自觉地在这种氛围下,用社会流行的一种单一的价值标准来评估自己,而把自己真正的价值给绞杀了。它也会使这个国家失去活力,少有探索精神,单一的标准化生活只会产生格式化的见识,扼杀着人们的生活和观念的多样性,而参差不齐的多元化正是生命和生机的源泉。

美国社会尽管有很多不足,但它是一个很有创新精神的地方,在那个社会里总有一些我们看起来怪里怪气的人,在做一些我们看起来怪里怪气的似乎不务正业的事。

比如20世纪60年代美国出现的嬉皮士、雅皮士,在我们眼里看起来都是不务正业的闲散人员、问题青年和小流氓、小混混之类,和我们的主流价值观格格不入,但美国社会并不歧视这些人,他们认为每个人选择什么生活方式是他自己的事情,人们尊重每个人的选择。而今天嬉皮文化已成为美国社会文化中的重要组成部分。

我在美国时看到过这样一族人群,他们是一种"鸟"的追随者,以观察和记录这些鸟的生活习惯为自己主要的生活内容,但他们又不是鸟类学家,这种做法和他们的职业毫无关系,就是爱好,今天这群鸟飞到了加州,他们也坐着飞机跟过去;过段时间,这群鸟又飞到了美国东部,他们可能会开着车穿越整个美国。他们把这些信息放到一个网站上,我浏览过这个网站,点击率很低,但这群"鸟人"从不介意网站的点击率,终年追鸟,四季看鸟,东奔西跑,乐此不疲。

这种活法在中国社会即使不被认为是"精神病",也和当今主流价值观格格不入。亲人的提醒、朋友的批评终有一天会让你变成和大伙儿一样的人。

维持了一个多元的社会生态,使社会自由的"边界"在多元化的抗争与撞击中得以拓展,在许多"不行"的地方尝试着"行",有些东西眼下看起来可能没什么用,但将来说不上什么时候就用上了,而且还做得挺大。现在看起来挺时尚挺有用的东西可能很快就消失了,所以美国政府和许多公司都会拿出钱来去养一些眼前看起来不实用的项目。

造成社会价值取向单一的原因,是因为我们做事情的出发点过于功利,我们讲学以致用,大家都去学眼前要用的东西,学习就单一了。许多学习其实和用没有必然联系,总想着急用先学,立竿见影,许多知识就会消失。也许我们在某些方面有天赋但并不赚钱,这时我们总会有些不那么自信,会把自己的天赋和念头扼杀在摇篮里,无数的天才可能就这样无声无息地消失了。

造成社会标准单一的另一个表现是不容许有对立面的存在,更不容许有跟自己旗鼓相当的对手存在。我们常说"一山不能容二虎",但一座山上只有一只老虎的话,它怎么生存,怎么繁衍后代呢?连个说话的伴儿都没有,得抑郁症是早晚的事，这样一个伪题目却让我们恶斗了多少年，至今仍在进行中。

一个社会如果没有对立面的存在就意味着消灭了自己，一个社会过于单一，这种单一也很快会消亡。我们习惯全民干一件事，但这件事很快就一阵风过去了，也是因为它单一，没有对立面。我们号称五千年的文明古国，但却很难看到真正三四百年前留下的真东西，甚至是文化也屡屡出现断层，那场让全民为之疯狂，把文化摧毁殆尽的"无产阶级文化大革命"迄今为止也只过去了40年。

如今，我们也开始有中国梦了，不管是哪种梦有一点是共同的，那就是我们的社会价值观应该是多元的，而不是单一的，应该有对手存在，而不是将反对的声音赶尽杀绝。与对立面之间的竞争与调解、博弈与妥协，最终使双方在平衡中共同强大。这样我们这个民族永远不会再做40年前的那场噩梦。

从清晰到混沌

> 在漫天飞舞的微信中,在地铁"低头族"的忙碌中,碎片化、非线性的思维方式伴随着这个时代悄然降临了。

在我们读小学时推崇的是福尔摩斯,那奇妙的故事和严谨的推理让我们十分着迷;中学时我们学习欧几里得几何学,对古希腊人严谨的数学智慧赞叹不已;大学时我专攻法律,形式逻辑的思想更是贯穿始终。

终于有一天我们毕业了,昂首挺胸地走向了社会,觉得凭着自己严谨的思维和缜密的表述就可以横刀立马改变世界了。

但当我们离开校园多年,在江湖上闯荡一番之后,渐渐地发现我们的严谨与缜密并不是改变世界的灵丹妙药,它对世界纷繁复杂的现象能解释和描述的很有限,有时甚至是帮倒忙。

我们发现生活中绝大多数人说话是混乱的,许多受过高等教育的人,有的职位很高,有的名气很大,但思维却又很是混乱。而许多思维敏捷口才超群的人做生意，又赔得一塌糊涂，而那些没有读过什么书的大老粗企业家，他们凭着自己的直觉和勇气去做企业，却总是混打混有理而赚得盆满钵满。

这个世界怎么这么乱呢？我茫然了许久……

我们相信两点间以线段距离为最近，这是公理，公理是不需要证明的，于是我们努力地在寻找这样一条直线去设计自己的人生，可这条直线我们至今没有找到，甚至连自己设计出来的直线也在现实中不知道拐了多少道弯，而我们却发现蚂蚁群每次觅食时都能踩出一条最近的回家路。

我们相信成功要靠努力，于是刻苦拼搏，头悬梁锥刺股，到头来我们又发现努力和成功并不成比例，而相比之下，偶然和天赋却离成功近得多。

老师教我们从小要树立远大的革命理想，于是我们在少年时就早早地给自己立下了宏伟的大目标，我们相信人生需要规划和定位，将来长大了要当科学家、企业家、作家甚至是革命家，要当领袖和伟人，我们可以决定自己是报考理科还是文科，多少年后却发现，我们终其大半生所从事的工作总是和我们的理想、定位南辕北辙。

我们都推崇三国演义中诸葛亮的神机妙算，却发现历史上所有的诸葛亮只是事后才有，那就是我们常说的"事后诸葛亮"。历史与未来都是由许多没有原因甚至是偶然的现象决定着，根本没有办法预测，指哪打哪的孙悟空都是编出来逗你玩儿的。

我以前总是不自量力地觉着自己是走在大潮前列的人，20多年前创办中国第一家性用品商店引起全世界关注的创业史，也常使我偷着自豪不已，然而就在我骄傲的笑容还没消失的时候，这个世界已经发生了巨大的变化，而当我很快清醒过来放下架子环顾四周时，我才发现我已经被汹涌而来的时代大潮甩在后面了。

终于有一天我在漫天飞舞的微信中，在地铁拿着手机的"低头族"的忙碌当中，在这个充满随机变数的社会当中，在听了中国科学院胡非教授《从清晰走向混沌》的演讲中，逐渐感到今天的社会正在发生着一种质的变化，一个新的时代开始了，传统的那种逻辑的、条理的、线性的思维方式已显得不那么够用，非逻辑、非线性、碎片化的思维方式伴随这个时代悄然降临。

只有放下老架子奋起直追了，在观察社会日新月异的变化当中，在对纸媒体和电子媒体大量阅读的过程当中，在参加各种沙龙思想火花的碰撞当中，我深切地感受到中国正在发生着几千年来未曾有过的巨大变化。我们没有经历过枪林弹雨似的革命，但思维方式的革命推动社会的变化并不亚于枪林弹雨。

我觉得自己真像一个冷兵器时代的剑客，为这一剑刺得如何漂亮，那一招饿虎扑食如何精彩而兴奋着，然而热兵器时代已经到来了，什么东邪西毒、南拳北腿在洋枪洋炮面前都是那样无奈,这个世界已经不这么玩儿了。这种巨大的阵痛,那些大清末年留长辫子的前辈们的感触应该比我们这些后生们深刻得多。

这个世界不再是非黑即白一分为二,硬币的"第三面"和长尾理论开始成为我们思考问题的新视角,冥冥中我们似乎感到了上帝的存在,感到历史是无原因的变化,是许多偶然的合力。主要矛盾在随机随时变化着,是偶然决定着一切。今天的是也许是明天的非,今天的善也许就是明天的恶。

这个世界是不可控的,许多伟大的问题又往往是没有答案的。实践中我们看到了卑贱者聪明,高贵者愚蠢,我们绞尽脑汁设计出来的方案会把我们引向失败,而顺其自然跟着感觉走的随机行动,却又往往稀里糊涂地把我们引向成功。地球不再是一架机器,而是一个有血有肉有感情的生物体,因为大自然孕育了人类,所以她比人类更聪明。

这一切的一切告诉我们混沌与碎片已经成为这个时代的主旋律了,清晰与逻辑不再是我们追求的唯一的思维方式,非文本、非逻辑、非条理的趋势在处处涌动着,就像是物理学中的布朗运动,遵循着测不准原理。并由此产生了一门新学科叫"模糊学"。而严谨、逻辑、清晰这种千百年来被公认正确的思维方式却在渐渐滑向边缘。未来将走向何方,连上帝也许都不清楚,所以有句名言叫"上帝用掷骰子管理世界"。

我真庆幸我们这代人经历了两个时代，从改革开放到20世纪完结，我们经历了一个几乎完整的工业文明的年代，当信息时代伴随着新世纪的曙光降临的时候，我们能够看到自己用过的东西上面似乎还留有自己的体温，但却已静静地躺在博物馆里。

郑板桥曾有一句名言叫"难得糊涂"，对这句话的理解每人各有不同，古往今来为此著书立说者不计其数，而此时的我这才隐约体会到了郑大师这句话的含义。原来他在遥远的古代就预感到中国将要进入信息社会，那时我们的思维方式将是非线性的，我们的世界观将是非逻辑的，我们的商业模式和文学作品也将是非文本的，我们的语言也将是碎片化的，整个社会将由清晰走向混沌，将由明白走向糊涂，我不得不向古代的先知大哲们致敬。

正像一位西方人所说，别人向西，我们由西向东。

在相持中积累优势

人往往容易高看一年的计划，
而低看五年的成绩，
日拱一卒，
五年你也会上一层楼。

在乒乓球的搏杀中，水平相当的两个选手在比赛时很难一两板就把对方打死，总是要经过三五个回合以后才能见分晓。在中国女队选手比赛中这种趋势越发突出，在电视上我们会看到像张怡宁、丁宁这样的世界冠军，即使在决赛时一个球也要打上十几个回合，这样对手才能露出破绽，被一板打死。如果两个人打球，一方总能一两个回合就把对方打死，那就说明双方的实力，不在同一个量级上，前世界冠军齐宝香曾调侃道："我和我姥姥打球就一个回合，而且能板板扣杀。"

中国乒乓球队的战略战术也在发生着变化，在正胶时代讲究前三板理论，即在三个回合内就把对方打死，这种理论在20世纪六七十年代一直占主导地位，后来由于日本发明了反胶胶皮和弧圈球技术，乒乓球进入弧圈时代，靠快、巧、灵的前三板理论开始落伍了，一个球往往要打到五六个回合才能取胜，前六板的观点在渐渐兴起，被简称为"后三板"。

张怡宁打球的最大特点就是一开始上手并不主动发力，甚至在前一两个回合斗小球中有意让对方上手，但不管对手怎样发力攻击她都能挡回来，对方猛攻两三个回合，见还打不死对手自己就软了，这时她再起板扣杀。张怡宁曾经这样说过："在相持中积累优势。"而她自己就是后三板的典范。不管一个球打多少回合，她总能比对手多最后一个回合，这时她自己也可能被对手打得摇摇晃晃，只剩最后一点力气，球回得似乎也不那么漂亮，但只要落到了球台上对方没接到，这一分就算拿到手了。

就靠比别人多这一板球，张怡宁这个北京小丫头称霸乒坛近十年之久。

从乒乓球选手到武林高手，只要是旗鼓相当，绝没有一个回合就被斩于马下的。在浩如烟海的武林小说中所描写的"关公战秦琼"的场面，都是大战几百回合，从日出杀到日落才见分晓，有时一天都分不出胜负来，便约好明日再战。这都是在回合中积累优势，不仅是技术上的，还有体力上的，更重要的是心理上的。看起来打得难分难解，不分高下，其实每一个回合都积累一点点优势，有时候这一点点优势小得连自己都觉察不出来，积累多了优势就明显了，胜者王侯败者寇，看起来一个天上一个地下，其实只相差最后那一点点"优势"。

做企业也和打球差不多,改革开放之初很多胆大的人辞职下海,好时机碰上好运气一夜暴富,前几天还在门口小摊上吃煎饼,过几天就开上了奔驰、宝马穿梭在各大酒店和写字楼之间。这并不是因为他们有多高的商业天赋,而是因为平台不对等,那时有岸上和海里之分,许多有才华的人被禁锢在体制内,不能在海里和这些弄潮儿竞争,"时无英雄遂使竖子成名"。

如今岸没有了,商海汪洋一片,许多优秀的人才也情愿不情愿地跳到了海里,当年下海的那些英雄们也就没有体制外的那些优势了,大家到了一张球台上开始杀得昏天黑地,难分难解。股票、房地产、网络这些商业模式都是在这个时期诞生的,比起当年倒批文、卖服装的下海英雄们要高上一大截,出现了一大批企业的巨无霸,虽然在国际舞台上还显得有些稚嫩,但在国内已经是吆五喝六,万人仰慕了。

在人才管理、资金调动、市场定位这些商业技巧都被人们研究完之后,竞争对手们在商业素质上的差别已经很小了,这就像两个水平相当的选手必须在一张球台上决出高低,伯仲难分,胜负难料,能比的技巧都会用尽,比得就是最后一个回合的那口气了。

企业之间比大小是一种比法,大企业所受到的尊敬总会比小企业多些,然而还有另外一种比法却被人忽略了——比企业寿命的长短。资本主义世界就是一个企业的世界，而在西方星罗棋布的小企业中百年老店要比百岁老人多得多。我在柏林考察的时候，酒店对面有一家小啤酒馆，老板是一位年近80的老人，拿啤酒当饭吃，喝完了就想说上几句。有一次，他指着酒馆里很旧的一张桌子对我说，他爷爷当年就在这张桌子前喝啤酒，后来是他父亲，现在轮到他了，他自豪地告诉我这份祖业虽经历了数次装修，但基本保持了原貌，门楣上还有当年二次大战时留下的弹孔痕迹，只是已经修复得很平整了，这种痕迹我在柏林国会大厦墙上看到过许多。即使经历过二战那样残酷的战争，德国人仍然让城市文明得以延续。

坐在这家啤酒馆里看着老人一口口呷着啤酒的雍容姿态，冥冥中我似乎感到当年希特勒所提倡的闪电战时代不仅在德国早已过去，在中国也已将过去了，想要一夜暴富的时代在今天已经成为一个遥远的梦，可我们的商业丛书和各种授课讲座还在告诉我们，这些过去的事情今天还可能发生，真是误人子弟最终害人害己。

这些脱离实际的伪命题使我们变得浮躁不安，总想一蹴而就，不劳而获，投机取巧，于是我们开始造假了，我们开始行骗了，环境污染了，雾霾也来了，我们无休止地透支未来。最终我们为了生存而放弃生存，以好的愿望开始，最终以悲剧结束。

在相持中积蓄优势，比的是一种细微与变化，看的是一种自信和耐心,在这个充满躁动投机、亦正亦邪的快餐年代,耐心成为一种最稀缺的心理资源。有人说在中国做事情最多想五年,这话听了总让人心里有点不是滋味。

人们往往容易高看一年的计划,低看五年的成绩。持续朝自己擅长的方向积累,日拱一卒,每天都进步一点点,即使是细微的、难以察觉的潜变化,五年以后你也会上一层楼了。

一个店能存活一百年,一定有它的过人之处,这种百年老店的精神不得不受到人们的尊重,比起那些迅速崛起又轰然倒塌的企业帝国来说这是另一种成功。

在相持中积累优势,我愿向柏林这家普通的啤酒馆致敬。

最后一公里

> 别小看一分球,
> 有可能你一生都跨不过去,
> 走完最后一公里可能需要一百年。

我和老姜是一对球友,在一起打了大半辈子球,输多赢少,细分析起来我们的单项技术几乎没有差别,总体水平伯仲难分,输就输在每当打到决胜局的最后几分,在决定胜败的关键时刻我总是挺不住,心态不由自主地会发生微妙变化,不是过度兴奋造成自己失误,就是过分地提醒自己不紧张,结果出现松劲儿,进攻不够被他打死,常常是五局球打下来相差只有一两分。我无数次地试图改变这种状况,到关键时刻努力提醒自己别手软,别慌,拿下这局我就赢了,但就是拿不下来。我曾向齐宝香请教,想知道问题在哪,她告诉我这一分球和比赛刚开始时的一分球差别很大,关键时刻这一分是人的心理、意志、经验、技术的综合体现,第一名和第二名通常差距都不大,差的就是这一两分,你别小看这一分球,有可能你一生都跨不过去，所以国家队里的关键球训练是一个很重要的项目。

如何打好最后一分球，这是我们提高自己打球修养中的重要因素。

决胜局你已经10∶9领先了，再拿一分你就赢了，而这时对手露出了破绽，给了你一个机会，可你心里急于求成，想一板杀死对方结束战斗，结果出现不该有的失误，平常能打好的球这时却打下网或打飞了。就这一分让你满盘皆输。著名乒乓球解说杨颖曾经说过这样一段话："一场球打了几十分，而真正决定全局胜败的就这一两个球，一局球决定一场球的输赢，对于一个职业运动员来说一场球的输赢往往决定一生。"

觉得胜利在望过早地松劲儿，前边的球打得有声有色，在决胜局10∶6大比分领先，这时脑子里会不由自主地一闪念，这场球赢了。就这千分之一秒的一闪，会在你潜意识里造成难以察觉的松懈，而且这种松懈还有惯性，你意识到的时候却管不住自己了，结果连连输球。对手趁势奋起直追绝地反击，最后反败为胜。

古话说"行百里者半九十"，它告诉我们，你想走一百里路，走到九十里时才是走完一半，最后这十里对人品质的要求和考验是最高的，如何走好成功的最后一公里，这是我们人性修养中的一个大课题。

日本是离我们最近的国家之一，一衣带水，一苇可航，可几乎每一个到过日本的人都会被日本产品无与伦比的精致而折服，汽车、电器这些高科技产品自不必说，可是像饭锅、菜刀、钢笔这样的日用品也做得极为精致，让你看了爱不释手。有一次去日本考察时，我问同去的一位做产品的厂长："我们改革开放时间短，造不出本田、丰田这样的高档汽车情有可原，可为什么连锅碗瓢盆这样的日用品也做不过人家呢？"厂长无奈地告诉我说："国内最好产品的精细度可以达到日本的80%左右，剩下的20%很难做到，麻雀虽小五脏俱全，别看是一口锅，一把菜刀，它也是国力的象征。从原材料的质量开始，到做产品的机器设备以及产业工人的素质，每个环节上都差1%，加起来就是这20%了，尤其是产业工人的素质，我们和日本、德国这些制造产品而著称的国家的工人比起来相差远不止20%。"

德国、日本的教育结构和我们不同，他们只有30%左右的人读大学，在他们的观念中不认为只有读大学才是发展的唯一道路，不准备读大学的孩子一般在十几岁就开始去技校学习、工作，认认真真地去做产业工人了，而且收入不比一个大学教授低，所以在他们那里看起来一个30岁左右的年轻人却已经在这个行业里做了快20年了，对这个行业很是精通，掌握的工艺水平都是行业中最先进的，而且很少有人跳槽，有时甚至几代人在同一个专业服务于同一家企业，工艺水平之高自然是我们所望尘莫及的。

有一次我去参观日本的汽车厂，他们检查成品车是否合格的程序中有一道叫"听车",从产品线上检验合格的汽车在入库之前,要由一些有经验的技师随机抽出一部分车,启动后听车发出的声音,来判断这些车里有没有机器测不出来的隐患。这些技师都不是大学毕业以后到厂里来工作的,而是十几岁就在汽车厂做产业工人,一直在一线摸爬滚打,知识和经验都非常丰富,他们在厂里的地位不比坐办公室的管理者低。正因为有这样的一些人对汽车质量最后一公里的把关,才使得日本汽车风靡全球。"车到山前必有路,有路必有丰田车。"这句广告有多少透着日本汽车的霸气。

而我们的教育结构却恰恰相反,考大学是年轻人的唯一选择,千军万马都要过这个独木桥,一个年轻人如果考不上大学这一辈子似乎就完了,只好心不甘情不愿地去做工人,总觉得是干粗活矮人家三分,工作中还频繁跳槽,技术水平可想而知。所以每年有几百万大学生失业,而企业又找不到合适的技术工人及各种实用型人才,这种怪现象已经存在很久了,不仅造成巨大的浪费,也是社会的不安定因素之一。

"产品的最后一公里"看起来短,实际上路长而又长。

而我们现在和人家相差可能远不止一公里,我们求快,总想立竿见影,每个人都急着赚快钱,萝卜快了不洗泥,质量好不好就顾不了那么多了,精益求精那是说给别人听的。

终于有一天我们觉得快也不过瘾了,我们开始造假,假冒伪劣成了我们生活中的日常用语,工业文化偏离了质量的主轴而滑向悬崖,已经没有人会愿意为那一公里去奋斗了。

中华民族怎样才能有这种一公里精神?我们的产品什么时候才能达到德国和日本的水平?走完这最后一公里,可能需要一百年。

有人说追求尽善尽美而自废武功,是中华民族文化属性中的的一个短板,但从另一个角度也说明,我们的祖先在中华武术上是追求精益求精的,在今天这个能凑合就凑合的年代,还真需要精益求精做好最后一点的精神。

《国际歌》中有一句歌词唱得好,"这是最后的斗争,团结起来到明天",可见当马克思的共产主义美好愿景在全世界刚刚开始传播的时候,伟大的词作者欧仁·鲍狄埃就看到这"最后的斗争"是实现共产主义的必由之路了。

我能

一个人内心潜藏的巨大能量，常常会使我们自己感到吃惊。

有一位在京城被称为"散才"的隐士曾经说过这样一段话："人活在世上要面对五种关系：一是人与自我的关系；二是人与他人的关系；三是人与物质财富的关系；四是人与自然的关系；五是人与神的关系。这五种关系比例合适了，人就会幸福快乐。"

内能就属于人与自我关系的一种。

汶川地震时我看过一篇这样的报道，一位年轻的母亲为了保护自己怀里的婴儿，用自己纤细的双臂居然能撑起几百斤重的水泥板长达十几个小时，等救援人员把她们母女俩找到时，这位母亲已经死了，但仍保持着那个支撑的姿势，怀里的婴儿嘴里还在吸吮着母亲的乳房，因为这种母爱所产生的巨大力量使得孩子奇迹般地活了下来。在场的人无不为之流泪，我虽然没有亲眼看到这个场景，但我相信这一定是真的。

很多年前我曾碰到过一位参加过长征的老红军，当时已经80多岁了，身体还特别好。我跟他说："我曾试着走过当年他们长征的路线，现在条件多好，吃着面包喝着饮料，手里还拿着定位仪，一天走了40公里，晚上到宾馆累得睡不着觉，两只脚全起泡了。你们当时天上飞机炸，地上追兵赶，没吃没喝，一天要走100多里地，最后竟然走了两万五千里，真不知是怎么走下来的。"

老人笑着对我说："不走就得死啊！你被逼到那个份儿上也一样能走下来。等长征结束到了延安以后，我们这帮人自己都觉得神了，你说这天下能打不下来吗？"

一个人的内心能潜藏着如此巨大的能量，常常会令我们自己感到吃惊。

人有两种能力，一种是我们自己知道的能力，比如我们能吃多少饭，能搬多重的东西，能干多大的事。还有一种我们自己不知道的能力，像信心、勇气、定力、反应、气场，这些沉淀在我们身心中的"无形资产"平时是看不出它的价值来的，只有在遇到挑战时，这种无形的潜能才显露出来。

潜能来源于潜意识，从某种意义上来说，潜能就是潜意识所焕发出来的能量，潜意识相对于意识而存在，是相对于意识的一种思想。又称"右脑意识""宇宙意识"。潜意识，也就是人类原本具备却忘了使用的能力，这种能力我们称为"潜力",也就是存在但却未被开发与利用的能力。潜能的动力深藏在我们的深层潜意识当中。

如果将人类的整个意识比喻成一座冰山的话,90%隐藏在冰山底下的意识就是属于潜意识的力量,人类的潜意识具有超越一般常识,几乎可称之为全然未知的超意识能力,人类的直觉、灵感、梦境、催眠、念力、透视力、预知力等都是潜在能力的具体表现。根据能量守恒定律,能量既不会消灭,也不会创生,它在正常情境下并不显现出来,只在一些特殊的情境下被激发,比如说有人在逃命时能跨越4米宽的悬崖,这是平时不可能跨越的宽度。

潜意识与显意识不是互不相容的对抗关系,而是对立统一的关系,二者既互相区别,互相制约,又作用互补,相生相长。显意识与潜意识合作得好,就会取得很大成果。反之,如果显意识对潜意识极度压抑甚至相互敌视,潜意识的巨大能量就根本无法利用,只能白白闲置一旁。当显意识对潜意识压抑得极端厉害时,就会导致潜意识的反抗,也许人类有些疾病就是这种反抗的表征。往往只要我们的显意识与潜意识平等对话,一沟通,一劝导,潜意识积存的负能释放了,病就好了一半。

影响潜意识,开导潜意识,说服潜意识,指挥潜意识,调动潜意识。和潜意识对话是我们人生的必修课之一。

高度的自信、坚定的意志、强烈的愿望是开发潜能的三大要素。

高度的自信是一切成功的基础。如果你对自己非常自信，以至于你的激情被彻底唤起的时候，你就会进入一种特殊的功能态。这时你的思维和精神力量的速度和数量都会大大增加，在这种状态下，你的精神力量好像增加了数倍。思维机器这部无比精密的仪器以神奇的速度顺利地运转，此刻你会真正感觉到灵感四溢、随心所欲的心理状态。可以说，信心是成就一切事业的根本。大家无论在学习、工作，还是创业上，都要想到信心，要使自己充满必胜的高度信心，因为信心是潜意识能量的精髓和灵魂，没有信心，你将一事无成。

意志，是为了达到既定目标而自觉努力的心理过程。简单地说，意志就是坚定的决心。一位哲人说过，大多数失败因软弱的意志造成。一切成功创业也是如此，坚定的意志是事业出成效的一个重要因素。

我们的意志，是一种很奇怪、很微妙、无法触摸但却非常真实的特殊能量，它与人类潜意识深层次的力量有着非常紧密的联系，当潜意识的神奇力量被激发出来的时候，通常是意志在起作用。

一位著名的成功学家说过，一个人在其梦想、雄心、目标、表现、行为和工作中显现的精力、能量、意志、决心、毅力和持久的努力的程度主要是由"想"和"想要"某件事的程度来决定。这句话可谓是放之四海而皆准的真理，世上任何人做任何事都是如此。当人强烈渴望某个事物，尤其当这种渴望的强烈程度已深入影响到潜意识时，他便会求助于潜意识中的意志和智慧的潜在力量，这些力量在愿望的推动和刺激下，会表现出不同寻常的超人力量。

如今是太平盛世，大家的日子过得都挺滋润，少有苦难来激发我们身体里未知的能量，像汶川地震那样的事情毕竟是几百年才有一次。我们变得娇气了、脆弱了、敏感了，各种各样的富贵病开始向我们发起进攻，这就需要我们"自讨苦吃"去培养和激活自己的潜能，这对我们做事情帮助极大。遇到意想不到的困难或是紧急情况时，长期积累在我们身体和头脑中的潜能会在瞬间爆发出来，把我们推到平时很难达到的一个高度，做出一些我们自己都不知道怎么做成的事情来。

应对挑战的方式多种多样，企业家通过创业，探险家通过探险，军人通过战争，运动员通过比赛，甚至坐牢、疾病都能滋养、锤炼我们这种平时看不见的潜能。通过打乒乓球、拳击这些体育运动也能把自己逼到一个高度去身临其境地体会信心、恐惧、紧张、贪婪的重量，锤炼和提高这些蛰伏在我们心中的内能，越是逼近极限，越能激发自己最深层的潜能，使自己的身心一次次得到升华。

最终决定成败的往往是这种你不知道的能力，而激活和提升我们这种潜能的最好方法就是应对挑战，有一位哲人曾这样说过"文明来自对挑战的应战"。

　　修炼自己的性格底色,提升自己的这种无形能力就像吃饭睡觉一样,是一辈子要做的事,也是一件一辈子都做不完的事。

> 今天的乒乓球越打越简单了，而智慧的特点就是简单，复杂不是智慧。

简单与虚实

今天的乒乓球与以往的打法有很大不同了，随着弧圈技术的出现和大球的改革，乒乓球的打法变得越来越简单了，这已成为一种趋势。20世纪五六十年代中国队刚刚在世界乒坛上崛起的时候，我们发明的直板正胶快攻型打法是非常复杂的，仅是拍子的握法就有很多种，除了正手攻球、反手推挡两项主技术以外，挑、撇、正手小提拉等各种小技术更是五花八门，而每项技术想练好都不容易。欧洲人拿刀叉的手指比不上我们从小拿筷子的手指那样灵活，所以他们只能横握球拍打削球，这在中国队近台快攻面前显得很是被动，让中国队近台快攻的打法无人能敌。

20世纪60年代末，日本人发明了反胶胶皮和拉弧圈球以后，他们绕过了乒乓球这些复杂的技术，不管你用什么花样打，他都想办法把来球变成弧圈球和你展开对拉。

中国队的打法是近台快攻，特点是巧、快、灵活，是在把乒乓球从简单打向复杂中出奇制胜，但在多回合对打中，在中台对拉时直板不占便宜，尤其是反手在中台只能被动地把球撩过去，毫无还手之力。这样到了20世纪90年代，风靡了几十年的中国传统打法完全退出世界乒坛，只有在一些中老年的业余选手中还能看到这种打法的影子，乒乓球整体进入了弧圈时代，老一代运动员孜孜不倦苦练的那些小技术也随之消失了。现在90后的运动员几乎都是横板两面拉弧圈，这是目前乒乓球最先进的打法，他们对以前中国队直板正胶传统打法和那些由此衍生出来的复杂技术，就像00后年轻一代偶尔看到键盘手机一样，多多少少有些好奇。

今天的乒乓球越打越简单了，简单战胜了复杂而成为趋势。

智慧的特点就是简单，就是能够把一个特别复杂的东西简单化，而缺乏智慧就是把一个特别简单的东西搞得特别复杂，最后自己被压垮。

大自然的核心真理一定是简单的。

傻瓜相机代替了机械相机，数码相机代替了胶卷相机，现在手机的照相功能又大有取代数码相机的趋势，原因很简单，它和手机合为一体便于携带。微信能够在几年之内拥有几亿用户，在QQ、飞信等各种通讯手段鼎盛时期脱颖而出，而且使用它的人不分性别与年龄，并不是因为它有什么革命性的变化,而是比其他的通讯手段简单方便了那么一点,就这一点点的简单方便就能让另一个行业消失,让一个看似不可战胜的商业帝国轰然塌下。

现代企业管理往往就是定出一套复杂的制度,但后来管理者往往会发现复杂的制度并不一定对公司经营有利,大部分员工会把制度演变成用来和别人博弈、偷懒、损公利己的工具,最后这个制度的制定者都会在制度面前显得无能为力,于是又忙着去制定新的制度来弥补旧制度的不足,问题越搞越复杂。看得见的手、看不见的手和闲不住的手,在这三只手中,闲不住的手最容易坏事,它往往是个人、集体乃至国家遭受复杂性灾难的根源,所以古人说"礼是祸乱之首",这个"礼"就是人为地复杂,它会使你失去目标而忘记初衷。

如果把从复杂到简单的过程比作人的左膀,那么虚与实的转换就是人的右臂。虚与实是一对矛盾,在虚实之间,在理想与现实之间存在着一条鸿沟,为了跨过这条鸿沟,人类探索了几千年。

以前虚和实是两个完全不同的范畴,只能生活在虚幻世界里的东西很难把它搬到现实中来,往往是一搬就死,理想与现实之间很难转换,比如我们看到一个东西和想要得到它,这中间有很长的路要走,成本也很高。

互联网的出现,在把虚拟推向广阔空间的同时,也让虚实之间的界限变得模糊了。今天以微信为代表的移动互联网的迅猛发展，伴随它出现的"二维码""扫一扫"技术，极有可能在不远的将来颠覆传统的电子商务模式，击垮像阿里巴巴这样盛极一时的电商帝国。

如果说传统的电子商务和实体店之间的区别是大刀和机关枪的区别，那微信技术就可以称得上是生化武器或者原子弹了，它几乎可以无孔不入，更主要的是这个工具已经不再是年轻人的专利，许多中老年人也成为移动互联网的中坚力量，他们绕过了 PC 机时代，而直接在移动互联网上和年轻人相会了。他们手里不仅掌握着财富而且掌握着权利，再加上 85 后这样的网络原住民已经成为消费的主力，所有力量的集合也许会引发互联网一场更大的革命，这场革命的名字还没有起好（也许叫互联网＋还是别的什么），专家们还在为它争论不休，而一个新事物开始时大多都是没名没姓的，但它确实已经降临，这颗原子弹已经在不知不觉中造好了，引爆的时间就在不远的将来，有人预测会在 2015 年之后的 10 年里。原因是移动互联网比传统的互联网更简单易行，虚实转换更方便，因而更深入人心。

在简单战胜复杂中获取成功，在虚拟和现实的互动中掘取财富，最重要的纽带就是平台。

信息时代不同于以往农业文明和工业文明，它最大的变化就是在我们的生活中出现了用计算机和互联网组成的平台，这个平台让我们很容易地完成了虚与实的转换，把以往的复杂变成了简单。而移动互联网的出现又再次使这个平台发生了变化，不仅操作更加简单而且能够随时随地进行。"二维码""扫一扫"这些伴随着移动互联网出现的新技术，不仅能完成所见即所得的交易，还能使人与人的交流从文字、语音到图片、视频，变得随时随地，不再受办公室的限制，这又比PC机更简单了一步。

平台经济是信息时代的一大发明，这种发明不像爱迪生发明了电灯、瓦特发明了蒸汽机那样实实在在，它介乎于虚实之间，在这样一个我们今天还无法定义的平台上，简单与复杂转换，虚与实相结合，我们在探索，在顺着快乐的声音朝前走，也许有那么一天我们会在这个平台上和来自宇宙的另一种声音相遇、交流，这一天离我们也许并不遥远。

第四篇 精气神儿

又见丁宁

> 丁宁的一番话把我的心结打开了，就像一脚踹在腰眼上，把个罗锅一下子踢直了。

我第二次见到丁宁是在北京广安门体育馆里，国家队在进行赛前场地适应性训练，偌大的一个体育馆里只有丁宁、郭焱几个人在练球，与往日的热闹相比显得冷清。

丁宁受伤了，没有参加那天的训练，一个人坐在挡板旁边看电脑，很少看见名将不打球时身边没有人围着，这正是采访的好时机。

第一次见丁宁还是北京奥运会结束后不久，在天坛体育总局国家乒乓球队的训练馆里。她当时还是一个没有太大名气的小队员，正在和她的宁姐（张怡宁）练球呢，几年后她已经成为一个家喻户晓的乒乓明星了。在这个飞旋的时代，体育明星也好，商业明星也罢，四五年就是一代人。

这次我再见到丁宁，感觉她比以前淡定沉稳了许多，甚至与她90后的年龄不太相符。古人把人的品质分为三种：一等品质厚重淡定；二等品质磊落豪雄；三等品质聪明才辩。看今天的丁宁身上似乎有了些一等品质的意思了。尤其是在伦敦奥运会争夺金牌的冠亚军决赛上，那个刻板且智商不高的裁判，为了自己抢镜头而制造出的举世瞩目的"冤案"，让丁宁与大满贯失之交臂之后，丁宁显得比原来更加厚重淡定了。经历对人来说是宝贵的财富，顺境逆境都一样，经历了就好。

和张怡宁比起来眼前的丁宁显得腼腆许多，身上没有张怡宁的那种霸气，虽然已经拿了几个世界冠军，却仍是纤弱文静，如果不是看到丁宁在球场上打球的那种虎虎生气，你很难把眼前的这个姑娘和世界冠军联系在一起。丁宁的笑很有特点，甜甜的，眼睛弯成月牙儿。

经历采访多了，知道对顶级人物的采访，一定要有像样的问题，一见面就开始亮出观点，不要过多盘带，单刀直入直奔主题。

我一共准备了三个问题，一是什么样的动作才算正规动作？二是拉弧圈球打与摩是怎样的关系？三是乒乓球的最高境界是什么？

我们从小打球总是听教练说动作不正确，尤其在练正手攻球时教练总说这个动作不对、那个动作有毛病，说得我心里满是阴影，久而久之都有点魔怔了，每打出一板球都要想自己的动作是不是正确，而不去考虑击过去的球落点好不好，质量高不高，有时甚至荒诞到球打没打到台子上都不关心，而去关心动作是不是对，今天我才明白这叫形而上学。

糟糕的是这种形而上学的观念，现在还在继续害着新一代的青少年，每当我看到孩子们被那些误人子弟的三流教练骂得丈二和尚摸不着头脑，家长在一旁还高兴地觉得是严师出高徒时，总会在心里默默地祈祷：中国的教育什么时候才能不像条龙而更接近人呢？

到底什么是标准动作，我至今也没搞明白，自然很想听听丁宁是怎么说的，人家是今天的世界冠军，和她的宁姐、楠姐一样，是这个世界上乒乓球打得最好的姑娘之一，她的动作一定是标准的。

让我意外的是丁宁并没有从纯技术角度来回答这个问题，她一边用左手比画着动作一边说："我们每个人的长相不同，人的身高、臂长，身体的各个部位也不完全一样，如果把每个人的击球动作放慢，把它精确到数字化，都不会完全一样，所以没有绝对的标准动作，教科书上讲的动作只是一个大概范围的参考值。如果每个人的动作像机器人一样精确到一度不差反而打不着球了，而且也没有必要，想用一个动作打百球，这个动作是不存在的。"

"但正确的动作一定是和谐优美，舒展而符合人性的，能发上力，拉出高质量的球来就是正确的动作，有的人动作看起来和教科书上讲的有些差别，但只要能打上球，他自己觉得很舒服,你就不能说他是错的。你看大雁在天上飞,鱼儿在水里游,马儿在路上跑,动物哪懂什么高度角度,它们都是凭着自己的身体本能在做,许多地方是我们人所达不到的。"丁宁是东北人,但她的普通话讲得很好。她语速比张怡宁慢一些,而且多是细声细语。

我平常都是在电视上看丁宁打球,这是我第一次和丁宁坐在挡板旁安静地谈论着乒乓球。

"乒乓球是个很活的东西,瞬息万变,哪有什么以不变应万变的绝对正确的动作,见招拆招,企图用一个所谓标准的动作来打所有的球是荒唐的,这样的所谓标准动作是不存在的。"丁宁喝了一口水又继续说道。

"一个动作是不是正确,不仅要看它是否符合规范,更重要的是看在什么情况下用。近台、中台、远台,动作和触球点都不一样,许多道理在书本上说说可以,在快速的拼搏中你是不可能想这些物理原理的,更多的是感觉,就是我们常说的球感。"丁宁是个喜欢说话的姑娘,一碰就说。采访这样的人最舒服。最怕的就是那种问三句答一句,然后目不转睛地看着你,让你不知如何是好。

弧圈球的"撞击"与"摩擦"是当代乒乓球技术中很纠结的一个问题。说它纠结是因为究竟是"先打后摩"还是"先摩后打",两种观念相持不下,至今没有一个结论。为了寻找到真理,我请教过许多世界冠军和乒乓高手,有的说是"先打后摩",有的却说是"先摩后打",谁先谁后没有标准答案，这可难坏了我们这些草根球迷们，我们今天练习先打后摩，觉得球速太慢，打不死对方，过一阵子又试着先摩后打，球速有了，但命中率差，总还是输球。理论不统一，心里就没了底。革命的小路上没有了方向，一片茫然。

今天碰到丁宁，我想着重向她请教这个问题，她说是哪种我就听她的。"丁宁，正手拉弧圈球时应该是先打后摩还是先摩后打呢？"我期待着她的答案，这就像是一个天平，看她把砝码放哪边。

丁宁听完我问这个问题后并没有立刻回答我，而是拿起放在身边的球拍，右手攥紧拳头在上面打了打，又想了想才若有所思地对我说："这是一个问题吗？打与摩怎么能分出先后呢，先撞击……球已经出去了还怎么摩？在摩擦中也有打击的成分，我觉得摩擦与撞击是同时发生的，很难分出先后来，只不过是二者比例不同罢了。"丁宁笑了，弯弯的眼睛中透出一种智慧的亮光。

丁宁的这番话一下子把我心里的结打开了，就像一脚踹到腰眼上，把个罗锅一下子给踹直了。原来我们是在为了一个根本不存在的问题纠缠撕扯了很多年。我忽然觉得自己太矫情了。于丹老师曾经讲过这样一个故事，一只四条腿的青蛙向一只蜈蚣求教，说我四条腿蹦跳时都要分个前后，你几十条腿走路谁在前谁在后啊？蜈蚣想了半天实在难以回答青蛙这个问题，但它发现自己不会走路了。

我自己特像那条大蜈蚣。

在生活中我们还有多少像蜈蚣走路这样的问题呢？也许我们还在为这些没有意义的问题费尽心血，也许你的每一步演算都是正确的，但这个问题本身是错的或者根本不存在。

胡适曾经说过"少谈点主义，多解决点问题"，这话至今仍没有过时，说的是主义往往太空泛，不能存活在实际中，为只能停留在梦中的主义争来争去，甚至断头流血没意义。但有时问题也会成为"主义"，有时这个问题不存在，或者本身没答案，对于这样的问题我们就用自己的第三只眼去审视一下了，多问几个为什么，切忌不要不管不顾一头扎进去，结果害人害己。有的人明白了，回头是岸已浪费很多青春，很多人一辈子不明白，也只能在失败和自恋中混日子。

丁宁帮我回答了这个不是问题的问题，打开了这副我自己给自己套上的镣铐，放开了手脚，我觉得自己该长球了。

人类一思考上帝就发笑，大自然安排一切都不会漫不经心，而且有着无限深意。

我正想把第三个问题"什么是乒乓球的最高境界"拿出来问丁宁的时候，几个球迷冲了过来，把我们的谈话打断了，其中有一个小女孩，看样子和丁宁年龄差不多，手里拿着一堆巧克力和苹果非要塞给丁宁，一边塞一边说她早晨7点多钟就在体育馆外边等丁宁，保安就是不让进来，一直站了 5 个多小时，后来保安实在磨不过她才把她放了进来。我看她的小脸冻得红扑扑的，手上也被水果袋勒出两道深深的印，心里泛起一些感动，只好把第三个问题咽了回去，让这个超级小球迷和她心中的偶像合个影。

这小姑娘告诉我她是丁宁的超级球迷，可她自己不会打乒乓球，因为她男朋友会打乒乓球，也是丁宁的超粉，她也就爱屋及乌渐渐地成了球迷，后来她跟男朋友分手了，一心没了二用，终成铁杆球迷。丁宁一输球她会几天心情不好，奥运会丁宁被裁判冤枉失去了大满贯的机会，她把自己关在房间里，一个礼拜没出来，家长急坏了，以为她得了精神病，后来丁宁又赢球了，她才高高兴兴地去上班。她的爸爸妈妈更是把丁宁供成家里的"小祖宗"，希望她赢球，丁宁赢了球家里的日子就太平、就快乐。

可怜天下球迷，可怜天下父母心。

看着那些球迷们围着丁宁照相签名，朗朗笑声在体育馆中回荡，留点遗憾也许是好事，以后有机会再问吧。

那次采访结束后我再也没看见过丁宁，但总在电视上看到她的比赛，也总会想起那个脸红扑扑的小球迷。

婚姻这东西往往是一种感觉，
就像球感一样说不太清楚，
如果一定要说一个原因的话，
那就是我和他交流没死角。

张怡宁真能说

那是 2010 年的一个酷夏，近乎中午的时候我突然接到齐宝香老师打来的电话，让我 11：30 到体育总局国家乒乓球队的训练馆，她和张怡宁约好了，可以和我打一盘球并接受采访。齐宝香是张怡宁进国家队的启蒙教练，看来张怡宁还挺念师徒旧情，用北京话讲叫"给面儿"。

我赶忙抓起球拍、球衣、球鞋，一股脑都塞进了背包里，跳上车就往外开，刚出大门一想，糟糕！相机忘拿了，笔和采访本也没带，顾不了那么多了把车停到马路边，转身又朝楼上跑去。

现在北京的马路上堵车早已不分时间了，我们家在城北，国家体育总局在南二环内，正好是个大对角。看看表已经 10：40 了，天晓得什么时候才能开到，急也没用，只好听天由命了。

不知我的运气好还是心诚则灵，那天居然不堵车，从西直门开到天坛东门只用了20多分钟，停下车赶忙给齐指导打电话，顺便看了一下手机上的时钟是11：15，谢天谢地总算没迟到。这时我才发现后背衬衣已经湿了一大片。

齐指导从乒羽中心白楼上下来，笑着对我说："来得挺快呀，她已经到了，正在练球。"不知是路上赶得急还是因为要和世界冠军打一盘球，我觉得心里有点微微地紧张和发慌，"没出息"，我骂了自己一句，赶紧用自己的两只手轮流掐着虎口穴，据说这个穴位是管镇定的。

我们一起朝乒乓球训练馆走过去，乒羽中心的大楼和训练馆相距很近，没走几步就到了，看见训练馆的大门外边已经有一些球迷和记者等候在那里。张怡宁结婚后有一段时间没有在公开场合露面，外界纷纷猜测她是在王楠退役为人妻后，第二位满誉退出江湖的中国乒坛大姐大，可从国家队的权威人士到张怡宁的教练都没有正面回答过这个问题，只是说她向队里请了长假。这次张怡宁回到娘家练球，自然会引起球迷和媒体的关注，大家想从她哪知道故事的谜底。

走进国家女队乒乓球训练馆，远远看到有两个人正在练球，从其中一个人的身影和打球的姿势一看就知道是在电视中早已被大伙熟悉的张怡宁，不同的是今天她穿了一件黄色的T恤衫，显得有几分轻松与随意，对面和她练球的小女孩看起来比张怡宁小几岁，有点面熟，但一时想不起她的名字来，现在这个名字大家都很熟悉了，她叫丁宁。2011年两个世界冠军的获得者。

一种挡不住的激情与青春活力交织的美，在球馆中洋溢着。

我立刻被眼前这幅美丽的图画吸引了。不禁停下脚步站在远处欣赏着，不想过早地走过去打招呼，想在这流动的美感中多待一会儿。站在我旁边的齐宝香看见我不往前走了，以为我见到生人发憷，就推了我一把说："去呀，站在这干吗？"说完她自己朝球台走过去。她性格直爽，粗粗咧咧，很多运动员都是这样。

"老张，我朋友来了。"刚才的画面被打破。

张怡宁停下手来，对我们挥挥拍子说："稍等一下，我马上就练完了。"

我坐在挡板旁，一边看张怡宁练球，一边环视着这个被人们称为中国乒乓球圣地的训练馆，比起今天新建起的现代化体育馆来，这里显得有些陈旧了，似乎还能感受到当年计划经济时代的味道，墙壁上涂着深绿色的墙裙，保留着20世纪60年代的印记，许多地方油漆已经脱落，这在当时已经是高档装修了，那时人们想象共产主义生活的标准就是：蓝蓝的墙、席梦思床、油炸馒头蘸白糖，那时这种式样的装修还真不容易见着。

球馆的面积在今天看来不算大，总共排放着十几张球台，被乒乓球挡板分成两个半区，一半是国家女一队，一半是国家女二队,中间是一米左右的通道,可就是这样一米宽的小路,许多二队的球员却终生跨不过去。

球馆的中央悬挂着一面五星红旗,墙上贴着的"为国争光"的标语显得十分醒目,在柔和的灯光下告诉着人们:这里是国家队,一代一代的世界冠军在这里练球,从这里走向世界,他们的汗水、泪水、活力、智慧都在这里凝聚着,时间久了就会形成一种无形的场,就像一座寺庙沉淀久了会有自己的氛围,这就是中国乒乓球队所具有的特定氛围,今天再豪华的球馆也无法复制这种味道。

"向氛围致敬。"这是日本著名作家渡边淳一的一句名言。

正当我浮想联翩让思绪在球馆上空飘荡的时候,张怡宁练完了。她拿起挂在球台下面的毛巾擦了擦汗,转身拿起两根杆子做成的捡球器,把散在地上像雪片一样的球拢在一起,在一旁观看她练球的小队员眼里挺有活儿,赶忙上去接过捡球器说:"宁姐,我来吧。"

张怡宁倒也没推辞,她喝了一口水转身朝球台远处走去,我心里有点纳闷,她去那干什么?那边空无一人,灯关了显得有些暗,她该不会就这样旁若无人地走了吧。听说许多顶级的腕们都有个性,会做出一些超出寻常的"大牌"举动来。正在担心之际,我看到她走着走着忽然站住了,然后弯下腰把地上一个球捡起,又转身走了回来。

我们这些业余的球迷平时也学着国家队的样子装模作

样地练多球，飞到远处的球有时也不会那么细致地捡回来，所以筐里的球总是越打越少，而她却能为那一个不是自己的球走那么远把它捡回来。我赶忙拿起照相机把这个平常却又生动的细节拍了下来，告诉人们也告诉自己什么是一个世界冠军的一丝不苟。

她刚把捡回来的球放到筐里，早已等在旁边的小队员们一拥而上，拿出海绵和球拍请她签名，我原以为只是我们这些球迷才有这样的粉丝行为，在一个队里十分熟悉的师妹怎么也会这样呢？一问站在旁边的齐指导才知道，队员们手里经常会有一些亲戚朋友、老小球迷托她们找张怡宁在球拍、球板、球衣上签字，平时她们和老张常见面，在饭厅旁宿舍里随时遇到就签了。张怡宁结婚后有一段时间没有回队里练球，队友们要签字的东西攒多了，在这里抓住了老张自然要签个够。

张怡宁这时显得十分随和，她一边签字一边用哄孩子的口吻对这些小师妹说："签完了你们先走啊，我和他们聊会儿天。"

小师妹们满意地叽叽喳喳朝球馆外走去，室内一下安静下来，她拿起瓶子咕咚咕咚喝了口水就朝着我和齐宝香走了过来，一边走一边说："不好意思，让你们久等了。"

我赶忙推开挡板迎了过去，"是我不好意思，你这么累了还要耽误你时间。"

"没关系，齐指导的朋友嘛。"她对着齐宝香笑着说。

在电视上观众们很少看到张怡宁笑，我第一次近距离看到她这样笑，表情调皮、欢快，电视上的冷面杀手，现在却是一个活脱脱的北京小丫头。

说完她一蹲坐到了球台上，两只脚前后摇晃像是在河边玩水的小女孩，我本想先和她照张相然后再采访，看到她这个动作我觉得有点意外，这个姿势怎么照相，倒是在一边的齐宝香看出了我的窘态，对张怡宁说："先跟我的朋友照张相，他是你的球迷，也是个球癌。"

据说国家队有一句口头禅，对球迷戏称"球癌"，意思是太迷球了没得救了，文艺圈里管这样的痴迷者叫"粉丝"。可"粉丝"听起来比"癌症患者"要好听点，好歹还能吃啊。

"哦，先照相啊，我还以为先聊天呢。"说完张怡宁一下子又从球台上蹲了下来，笑着对我说："在哪儿照啊？"

我本想和她在训练馆的那面五星红旗前照张相，虚幻一把，和真正的世界冠军站在领奖台上，看着国旗冉冉升起、国歌奏响的庄严时刻，可是看挂旗的地方还有一段距离，旗子的位置很高可能不太好照，只好选定以球台为背景，更真实也更生动。

"就在球台前照吧，世界冠军刚打完的球台有灵气呀。"

"那好啊。"她一边微笑着，一边站在球台前，亭亭玉立，透着一种女人淡淡的妩媚和柔美。这时的张怡宁和电视上的冷面杀手完全是判若两人了，我走过去站在她旁边，齐指导举起相机连连按动快门。

这时我脑子里忽然闪现出托尔斯泰的名著《安娜·卡列尼娜》中的女主人公安娜。有一次她参加贵族的舞会,王宫贵胄、小姐太太,穿金戴银、珠光宝气,安娜只穿了一件黑长裙,胸前别着一朵胸花,但全场为之倾倒。

照完相后齐指导对我们说:"你们聊吧,我到外边去。"然后就走了出去。偌大的一个练球馆此刻只有我们两个人,安静得出奇,这可是绝好的采访时间。平常这些冠军们身边总是围着好多人,说不上几句话,更谈不上什么深度采访了。

我掏出了笔和纸,拉出了采访的架势,装得跟个真记者一样。

"您是记者吗?"我还没来得及问,她反倒先问起我来。我看到她真诚的目光中多少还带着几分警惕。

"不是。"我如实相告。

"那您是做什么的呢?是传媒吗?"

"不是,是做企业的。"

"做什么企业?"她将信将疑。

"性用品。"我回答的声音很小,因为我觉得和一个姑娘谈这样一个行业有点不好意思。

"你们企业叫什么名字?"她毫不在乎,问得落落大方。

"亚当夏娃。"虽然我们店的名气够大,媒体这些年来也在不停地报道，但我觉得整天练球的一个小姑娘肯定不会知道亚当夏娃是怎么一回事。可我又不能撒谎啊，一个作者如果自己不诚实怎么能写出好的作品来呢。更何况我事先没有想过她会这么问，也没有想好给自己编出一个其他职业来。一句谎言有时候需要一千句谎言来掩盖，撒谎又不是我的强项，如果对方感到你在撒谎那就采访不出来什么好东西了，还是真实吧，真诚是打开一切大门的钥匙。

"我知道你这家店，在我们总局对面。"说完张怡宁自己先笑了。

事先光想着好好采访张怡宁一次，我满脑子都是问题，早把在体育总局旁边开店的事忘得一干二净，她这么一说我才想了起来，那是我们的第九分店，已经开了几年了。

"一个性商店的老板怎么想起来采访我呢？"第一个问题问完了第二个问题紧跟上，不知道到底是谁采访谁。看来齐指导在介绍我和她认识之前没有做太多的铺垫，才使得老张疑窦丛生。

"我正在和齐指导合写一本关于乒乓球的书，这本书主要不是写乒乓球技术的，关于乒乓球技术的书早已浩如烟海，这本书是通过打乒乓球来写人的心理世界、写人生，还带着那么一点点哲学，这样的书目前国内还没有人写过。我把这个想法和齐指导说过，她非常支持，她告诉我说许多理念在她们心里翻滚好多年，可就是写不出来，但很多能写书的作者又不是球迷，没有对打乒乓球有深刻的体会，写不好这样的书,像我这样的两栖动物做这件事情可能比较合适。"

我接着说:"哈佛的一个女社会学教授是个超级足球迷,她写了一本关于足球的书,叫做《足球与艺术》,风靡了全世界。在碎片化思维方式已经成为信息时代主流的今天,许多领域边缘的人杀进来往往容易做成,就像乔布斯他以前不是做手机的,但第一次做手机就改变了世界。"为了后边的采访能顺利,我尽量说得详细些。

"原来是这样……有点儿意思。"张怡宁又笑了,她其实是一个很爱笑的姑娘,只有在球场上才显得那么冷漠,带着一股杀气。

我暂时还不知道她说的有点儿意思是什么意思,但明显地感到采访气氛变得轻松起来,心理距离也似乎近了一些。有人说真诚是打开一切大门的钥匙,资本主义社会经历了几百年的积累得出的结论是:诚实是成本最低的途径。

"你认为乒乓球的最高境界是什么?"我选择了一个中性又有一定高度的问题作为开头,根据以往的经验如果第一个问题问得太刁钻会引起被采访人的不悦或警惕,有可能会把采访气氛搞得很紧,后面的采访就不好进行了。这个问题我问过许多世界冠军,回答大致有个范围,不会太离谱。

"这个问题问的。"她把左手的食指放在嘴里,想了想回答我说:"神球合一。"

"为什么不是人球合一而是神球合一？"因为在以往的采访中有好几位世界冠军的回答都是人球合一，说神球合一的，老张还是第一个。

"人球合一通过这些年的苦练我已经基本做到了，所以不能算我追求的最高境界，但距离神球合一我还相差很远，可当我追求这种最高境界时，我却要离开国家队了。"

这是我第一次在张怡宁嘴里听到她想退役的消息，想想门外还有很多记者等着证实这个消息时，心里不禁有些暗暗得意。这就是信息不对称，难怪股市里赔钱的人这么多。

"境界是用来追求的，也可能终生达不到，所以人们可以展开你的想象来做梦。"张怡宁说这话的时候眼睛一直看着远处的国旗。

"你的意思是最高境界像条龙，我们要对它顶礼膜拜，可现实生活中根本没有龙。"第一个问题就能引出老张的许多话，我知道后边的采访应该有内容了。

"说最高境界像条龙可能有点虚了，应该像座山吧，每个人心中都有一座这样的山峰。山高有不同，人的境界也有高低不同之分，当你爬上一座山顶的时候就会发现远处有更高的山等着你攀。"我觉得她的比喻很恰当，境界是座山而不是龙。

"能做到人球合一就已经很难了，但做到神球合一更难，特别是重大比赛，让你分神的地方太多了，很多时候神和球是分离的，能有 70% 就不错了。"

"怎么才能叫神球合一呢？"我问道。

"其实很简单，那就是忘我，人想做到忘我得多难，似乎在和自己的本能做斗争。"张怡宁回答道。

"大家都看到你在比赛场上面部毫无表情，你经常能达到忘我的境界吗？"

"刚才我已经回答过你了，能达到 70% 就不错了，人天生有私心、有杂念，这种私心杂念总是在关键时刻钻到你内心里来骚扰你，想赶都赶不走。偶尔会达到忘我的程度，但时间都比较短。一个人的成功与失败在很大程度上取决他的忘我程度能持续多久。"她拧开一瓶矿泉水咕咚咕咚喝了几口。

"在你所参加的无数场比赛中给你印象最深的达到这种忘我境界的是哪场？"

"应该是刚刚结束不久的 2008 年奥运会我和楠姐的女单决赛了，那时楠姐打算打完那场比赛就正式从国家队退役了，她把在国家队的行李都放在了车上，准备比赛完就直接回家了。你看她有多轻松，而且那个时候我的水平略高于她，在和她的多场比赛中几乎都没有输过，处在被她拼的位置上，心理包袱在我这边，而且我和王楠的水平相差无几，胜负也就在毫厘之间，稍微一走神这个举世瞩目的冠军是谁的还很难说。"张怡宁一边说着一边摆弄着手里心爱的球拍，我拿过来看了一眼这块世界冠军的拍子，是日本蝴蝶牌的底板和胶皮,已经很旧了。

"比赛一开始楠姐打得非常有生气,跟她平常有点不大一样,连我心里都暗暗吃惊,她今天是怎么了,没有试探预热,上来就拼,虎虎的,观众的喊叫声震耳欲聋,气氛一上来就到了白热化程度,想想为打这场比赛所付出的辛苦,想想这是在家门口举办奥运会,我又是北京人,当然知道这是运动生涯中最重要的一场比赛,看着那金牌和对面楠姐那咄咄逼人的目光,那一刻说没杂念是假的。第一局球就这样稀里糊涂地输了。"我发现张怡宁说话有个习惯,或是目光眺望远方,或是眼神和你对视,直到你把目光移开为止。

"第一局球输了后反而踏实下来了,赶紧调整心理,改变战术,慢慢开始进入了状态,魂儿也渐渐地回到身上来了,我注意到对面的楠姐可能是第一场球赢了她看到了希望,我觉得她那时开始有杂念了,比赛开始时的那种锋芒暗了下来,气开始一点点向下走,可我觉得这时自己的气在一点点地朝上升,打到后来我完全沉浸在比赛当中,观众的喊声叫声我都听不见了,像在梦幻中一样。直到比赛完了我还在挡板边上久久没离开,李隼教练走过来对我说:'还不赶紧换衣服,一会儿好领奖。'我觉得自己这时候魂儿还没有从球台上离开,恍恍惚惚地问教练这就完了吗?李指导抑制不住高兴地说可不完了吗,你还想干吗。直到这时我才醒过来,盼望已久的、在自己家门口拿世界冠军的愿望终于实现了,我泪如雨下。我在赛场上少有的几次掉眼泪,这算一次。"

人的精神和肉体是一致的还是游离的,这个话题除了和人民医院神经内科的孙大夫能聊到一块,平常我极少能和人说起,偶尔和朋友说起时得到的总是满堂窃笑,可我却总会有这样的感觉,灵魂和肉体时而一致时而游离,一致时全神贯注,游离时魂不守舍,我尝试着和这种感觉去对话,在那种时刻思想会飘得很远,会产生一些平常状态下没有的想法,这种感觉我没法用语言把它描述清楚,只能让它在心灵的家园里时隐时现,渐行渐远。

听到刚才张怡宁说决赛打完后她的魂还在场上,我灵机一动把采访提纲中没有的问题拿了出来问她:"你刚才说你决赛打完后感到自己的魂还在场上,人的灵魂和肉体经常是游离的,这句话对吗?"问完以后我有点后悔,本来采访时间就不多,后边还有好几个问题呢,拿出这么一个虚头巴脑的问题来;可转念一想拿出这么个奇怪的问题撞撞世界冠军的内心世界也许是好事。

谁想到我话一出口,一贯冷静的老张却拍着球板兴奋地说:"这个问题问得太好了,我一直觉得人的精神和肉体是游离的,在队里没有人跟我说,你是第一个这么问我的人。"

被采访人心灵的大门打开了,我预感下面的采访定能出彩。

"我 24 岁的时候特别想谈恋爱，想找男朋友，我觉得我的魂像被什么人牵走一样，只是身体在这打球。那时我经常失眠，有时候一夜一夜地睡不着，眼看着天一点点亮了，还要背着这么重的训练任务。我害怕一个人在空荡荡的球馆里待着，会感到有些影子在眼前飘过。那时候我还小，还搞不懂灵魂啊、精神啊这样在今天看来都是虚乎乎的东西，经历多了慢慢就悟出了，可悟出来又有什么用呢。"说到这张怡宁深深地叹了一口气，身体向后靠到椅子背上，好一阵沉默，偌大的一个球馆里安静极了，没有一丝丝声音。

终于碰到可以交流这样话题的人了，我知道这样顶级的话题是一种怎样的境界和高度，也知道以后很难再和别人去进行这样的对话了，特别是像张怡宁这样的世界冠军，能聊到这个境界是很难的。

本想聊点实际的东西，没想到在这样玄乎的话题上却说得兴奋不已，我自己都觉得好笑了，两个从未见过面的人，一个是小商小贩，一个是世界冠军，在偌大的国家乒乓球训练馆里竟然说起了鬼和灵魂的话题，看来科学能解释的东西还是很有限。这时我想起了康德的一句名言："粗通哲学的人相信唯物主义，而精通哲学的人一定相信唯心主义。"张怡宁虽然不是哲学家，但她在乒乓中修行，当她站在世界乒坛顶峰的时候她在哲学上也有了很高的高度。

大侠与大哥、匠人与大师之间是有着很长的一段距离，世界冠军与伟大的运动员也是有着不小的差距，有人获得了世界冠军，但他们在思想上、品质上、人格上还称不上是一个伟大的运动员，但被称为伟大的运动员却不是世界冠军，在这个胜者王侯败者寇的世界里似乎底气也不那么硬朗。在采访结束后，我觉得张怡宁不仅是三连冠的金牌得主，也可以被称为是一个伟大的运动员。媒体报道出来的只是她戴着光环的那一面，如果不是我这次有机会和她敞开心扉地交谈一次，我也永远不会知道她在哲学上、悟性上、文化上能有这样的高度，而且经常妙语连珠，让人怦然心动。齐宝香告诉我："小宁平时挺爱说话的，经常一语惊人，逗得大家笑翻天，但她又是一个很有哲理的女孩子，被队友们称为小哲学家。"

"我们平常总是说要感恩，你拿了这么多世界冠军，你会经常想到感恩吗？"

"不仅感恩，在我心中还会经常感怨。感谢教练，更要感谢我的对手，正因为有像楠姐这样的对手才能把我逼到这个高度。感谢我的对手，感谢不断折磨我的那些人。"张怡宁在跟我说这番话的时候，脸上流露出一种"受尽折磨"的表情。不由得使我想起"伟大是熬出来的"这句话。一个伟大的运动员要经受多少折磨，自己知道，上帝知道。

爱因斯坦是20世纪最聪明的人，他曾经这样说过："一颗原子是产生不了作用的，但两颗原子互相撞击却能产生13万吨炸药的威力。"所以找到一个可以和你撞击的对手是你成功的关键。

最近戏剧出版社出了一本书,书名就叫《感谢折磨你的人》,不知道作者是不是受到了老张的启发。作者在书中这样写道:"折磨是人生需要的,它和成功一样有价值。伤害你的人使你变得坚强;欺骗你的人让你学会辨别;欺负你的人让你明白了抗争。"话虽写得啰唆却也是那么个理儿。

"不仅感谢教练、感谢对手、感谢领导,我也感谢广大的球迷朋友。正因为我们有全世界最多最棒的球迷,中国的乒乓球才能有今天的强盛。"张怡宁这话说得让我心中一喜,在中国无数球迷当中我也算一个。著名的指挥家小泽征尔曾经这样说过:"欧洲之所以能够出世界一流的交响乐队,是因为欧洲有最优秀的观众。"

"人常说万变不离其宗,那乒乓球的宗是什么呢?"话题从虚幻又回到现实中来。

"哪有什么以不变应万变的灵丹妙药,唯一的不变就是变,其实我自己变得也很痛苦,我的体会就是用一万零一变去对付万变。比如说对手的招数是一二三四五,那你就要有五四三二一来对付她,要看着对手打,我喜欢后发制人,让对方先动,一动我就打你。"

张怡宁一边说一边伸出手指来,我注意到她的手指细长而且比一般人要圆一些,一般人的手指大都是椭圆形,我发现乒乓球打得好的人手都比较细长。观察其他的世界冠军似乎也都有这个特点，这也许就是天赋吧。记得有一次我和著名的钢琴家石叔诚老师聊天，钢琴家对手的敏感往往超过一般人，他说他年轻的时候和毛主席、周总理、朱德委员长握过手，突出的感觉是他们的手要比一般人的厚，软软的。据说18世纪意大利伟大的小提琴家帕格尼尼手指很长，能够在第一把位拉琴的时候，用小拇指抠到鼻孔，这种传说无据可考，但天才一定有与大众不同之处，复制天才的成功之路只能是一种幻想。

"看你在电视上打球从来没有表情，参加那么多重大的比赛你慌不慌啊？"我业余时间打了几十年球，也慌了几十年，落后了还好，一领先就慌，越是接近赛点越是慌得厉害，总是被对手在落后的时候追回来，我曾无数次地在和这种慌乱做斗争，大多数都以失败告终。

"慌啊！我们也是人。"

"那你怎么战胜这种慌呢？"我追问到。

"你就想对方也慌，而且比你还慌。"张怡宁答道。

我找到了一点心理安慰，看来慌是人性共同的弱点，而人性却是无法改变的，和其他人性的弱点一样，我们只能直面，任何改变的企图都是徒劳的。

将近两个小时的时间一晃就过去了，恍惚中我似乎忘了这是一次对世界冠军的采访，倒像是两位久未见面的朋友在一起聊天，聊得那么畅快，那么过瘾，在启迪与碰撞中思想被激发到平时难以达到的高度。

名人的私生活总是人们感兴趣的话题，关心别人老公老婆那点事的人，总是比关心哲学的人要多得多，为了让这本书有更多的读者，我也想挖点这样的鲜活题材放到书里去，好让这本四不像的书多一些有血有肉有呼吸的东西，所以也把张怡宁对婚姻、爱情的看法作为一个采访的话题。为了采访顺利，我有意把这个话题放在了最后。因为当时关于老张嫁人后是否退役的猜测正被媒体炒得火热，出于各种考虑老张和队里始终守口如瓶，只是说张怡宁请了长假。今后还打不打球了？令无数球迷喜欢的大姐大是不是要淡出人们的视线？以后要做什么？这些有着很强娱乐性的悬念撩拨着球迷的好奇心，也成为当时媒体追逐的热点。最后问这个问题的另一个考虑是，我听说别看张怡宁打球面无表情，人称冷面杀手，但平时性格十分外向，脾气也很急，有时候记者采访时问的问题不好，她能把脸一沉甩手就走，如果在前边问这个问题，碰到这种情况那可就麻烦了。前边如果采访得好就问这个敏感的话题。如果前边采访得不好趁早别自讨没趣。

"该得到的都得到了，今后有什么打算吗？"我开始往这个问题上凑了。

此时的张怡宁完全沉浸在一种愉悦的说话气氛中，没等我继续问她就滔滔不绝地说了下去："我想到香港大学去读历史系。"这其实就是婉转地告诉我她要退役了。

"为什么要去读历史系呢？这跨度也太大了。香港的金融、企管、经济都是世界一流的，为什么不读这样的专业呢？这多热啊。"好奇归好奇，其实读历史系更像张怡宁干的事。

"主要是我喜欢历史，再有就是我的英文现在还不好，港大只有历史系是用中文教课的，其他都用英文授课，我听不大懂。从读历史开始，既满足了我的兴趣又学习了英文，港大的校园文化很好，很滋养人。再说人一辈子也不能就学一个专业啊，在国内我已经被授予好几个学位了，下午还要去接受一个学位，学习跟学位终归是两回事。"

"没想做母亲吗？生一堆孩子。"我切入主题了。

张怡宁笑了："一堆孩子倒没想，但至少得生一个吧。"

"将来长大了也像你一样做个世界冠军？"

"那要看她的天赋了，天赋是没法复制的，很多父母在某一方面有成就，最后孩子都很难超过。"说到孩子，张怡宁脸上带着一种母爱的亲昵。

"愿意说说你的先生吗？如果我这个问题问得不好，你正面拒绝，我不介意。"我像最后的问题发起"总攻"。

张怡宁豁达地笑了："他呀，他比我大很多，也喜欢打乒乓球，原来也是北京人，现在在香港做基金。"

第一次采访从张怡宁嘴里听到这样的消息我心里也暗暗地皱了一下。

"以你的知名度和自身条件，我料想一定会有无数男人在追求你，你为什么……"

"为什么要嫁给一个比自己大很多的男人对吧?"她知道我要问什么,抢先把话题打断了。

我无语。

"这一点媒体上已经炒得很热了,今天我说不是为了钱,大概别人能相信,因为我已经不缺钱了。"

"那是为什么呢?嫁人总得有个理由吧,用你们女孩子的话说总要有个图吧。"我知道我的话有些市井了,和前边谈的话题一个天上一个地下。

张怡宁想了很久慢慢地说了一句:"婚姻这东西往往是一种感觉,就像球感一样说不大清楚,如果一定要说一个原因的话,那就是我和他交流没死角。"

我听懂她这句话的含义了,和张怡宁这样内心世界如此丰富的人交流起来没有死角,需要怎样高度的修为是不言而喻的,交流没有死角这是多少夫妻梦寐以求的精神境界,但真正能得到的人却是凤毛麟角。老张聪明,要了一个最难得到的。成功的一半靠配偶,另一半靠伙伴。

我实在不好意思再耽误她的时间,又深知见她一次机会难得,总得打上那么几板,算是有个和世界冠军打球的光荣球史,可以回去和球迷们吹牛了,一半是好奇一半是虚荣。

只是几板球,就让我这个自认为还能打几板的超级球迷知道什么是顶级高手的内在功力,那一盘球我只得了三分,就这三分还是她给我留了面子。

我们一起走出训练馆的大门,外面还有许多记者等着她,这时我已经饥肠辘辘，看看表已经是一点多了，她下午两点钟还要去体育学院上课，她的午饭在哪儿吃呢？是在车上凑合一下还是到地方再吃我不得而知。看着她那清秀的身体又被那么多的照相机和摄像机包围着，我的心中涌起一种怜惜之情。世界冠军有多难，从今天我们这次采访可窥见一斑。

我回头深深地看了一眼她的身影，和齐指导一起朝餐厅走去……

气场的光环

> 当我一次次近距离地感受那些人身上洋溢着的力量时，总会心动，为此，差点被哥们儿当成精神病送到医院去。

有人说三岁的孩子不上庙，说他们真的能看到鬼神，反倒是我们成年人看不见了。不知你信不信，反正我信。

我很小的时候，真能看到许多奇奇怪怪的东西，是什么我至今不知道，可能就是现在人们所说的鬼神了，当我把这些看到的东西悄悄地告诉爷爷时，他却扇了我一个大嘴巴，他捂着我的嘴害怕地向四周看了看，说："现在全国人民都在跟着毛主席闹革命，要横扫一切牛鬼蛇神，你说你看见了鬼这是反动，要戴高帽子游街的。"

我虽然听不懂什么是反动，但知道一定做错了事，不然怎么会挨耳光呢？

后来我长大了，小时候看到的那些东西已经渐渐远去或消失，我知道了民以食为天，知道了什么是日子，人也变得现实了许多，但对人的那种灵性和它散发出的五彩斑斓的气场，感受却依然如儿童时代那样敏锐和强烈。在日常生活中我总能感觉到许多人身上有一种类似光环一样的东西，有的明亮，有的晦涩，有的如同高山让你从心底去仰望，有的如同利剑让你感到彻骨的寒光，有的如同一泡臭便便，你一走近会立刻想逃离开来。

我有时也会把这种感受和身边的朋友们说，可得到的总是嘲笑和漠然，这时我经常想起打过我的爷爷，我想我可能是犯了路线错误，"路线是个纲，纲举目张"，这是毛主席他老人家的谆谆教诲。

可当我一次次感到有的人身上散发出的那种气场和光环时，又总会心动，有时甚至激动不已，渐渐地在许多人眼中我就成了有点另类的"精神病"，真怕哪天会被好哥们儿送到安定医院做个全面检查，再给我诊断出"妄想型精神病"来，只能把这种感觉深埋心底，在同类与另类之间跌跌撞撞地走到今天。

采访张怡宁时，我说到了气场这个话题，因为我觉得她的气场很强，有一种穿透力，是很鲜亮的橘红色。话刚刚说出口，让我感到意外的是她把手举起来高兴地拍着椅子说："我也经常感到这种东西，可从来没人跟我说，也很少有人能听懂。"

我们的话题就围绕着气场展开了，像是一个人走在黑色的隧道里忽然看到一丝光亮，那种愉悦的心情真是难以言表。我们谈到彼此见过的名人，朱镕基、吴仪、周润发、小泽征尔……他们特有的那种气场的感染力和震撼力。

"你觉得蔡局的气场怎么样？"张怡宁这样问我。她说的蔡局是原国家队乒乓球总教练蔡振华。

"他的气场特别强，很能感染人。"她这样问使我想起第一次见蔡振华的情景。

那是2009年冬天，在国家体育总局举办的一次国家中央机关乒乓球赛上。那天是决赛，球馆里人声鼎沸，许多部局级领导都来参加比赛，大领导来打球，当然是司机、秘书、警卫前呼后拥，拉拉队的加油声更是此起彼伏，馆里人来人往气氛十分热烈。王浩、王励勤、郭跃、刘诗雯这些乒乓国手也表演助兴。我正在观看比赛，突然发现大家的目光不约而同地被吸引到同一个地方，我顺着这目光看过去，在挤满人的场馆里有一个人站在场外和另外几个人说话，定睛一看，这不是蔡振华吗？

以前我一直是从电视上看到他，见他本人还是第一次，他中上等个，上身穿着一件黑色的皮衣，人比电视上要显得清瘦一些，可当你第一眼看到他时，会感到他身上有一种带着光环的气息，棱角分明的脸上透出内敛与刚毅的神情，举手投足中流淌出一种让你无法抗拒的力量。他进来时没有被前呼后拥，就那样悄然无声地站在一旁，可短短几分钟后大家都不约而同地把目光集中在他的身上，球馆里一下子显得安静了许多。那是一种自然的吸引力，一种让你还没与他交手就会有一丝丝胆怯的强势，像一辆高智能的坦克车隆隆地开过来，让你不由自主地产生想要后退半步的感觉。

我被这种强大的气场震撼着，并尽情地享受着这种气场带给人的愉悦，就像看一场精彩的交响乐，全场的观众都被那乐彩飞扬的指挥吸引住一样，心被一起一伏地牵着走，许多世界级的指挥大师身上都有一种这样的力量，像美国波士顿交响乐团的指挥小泽征尔，他数次到中国来，每次都迷倒了无数的中国观众。记得20世纪80年代他在海淀剧场演出，我抱着一个马扎儿拿着一件雨衣，在门口排了一夜的队才买到了一张票。排在我前边的是两个音乐学院的学生，他们连马扎儿都没带，背靠背垫张报纸在地上坐了一夜，许多年后我在媒体上经常看到他们的名字，一个叫邵恩，一个叫谭盾。

那是我第一次领略小泽征尔的风采。2006年小泽征尔已经是年过七旬的老人了，他受天津音乐学院的邀请，到中国来指挥一次教学性的演出，那次他在保利剧场指挥天津音乐学院交响乐队排练。这是一支名不见经传的学生乐队，加上又是排练，我总觉得其精彩程度应该不如舞台上的正式演出，我看过在舞台上几乎所有小泽征尔在中国的演出，却还没有见到过不穿燕尾服的他在台上排练是什么样子。

我托朋友弄到了第一排的票，为的是能够近距离地看看这位被称为伟大指挥家的另一个侧面。那天排练场里坐满了观众,看样子都是圈里人,在一起说说笑笑,整个气氛很是轻松。7点整小泽征尔来了,他上身穿着一件白汗衫,下身是一条很旧的牛仔裤,衣服扎在裤子里,人显得更加清瘦。我看到他上台时并没有拿出演出时的风范,可当他往指挥台上一站的时候,全场起立长时间鼓掌,我感到他比着正装在舞台上指挥更真实,所以更有魅力,那种激情和定力所散发出来的气场感染着在场的每一个人。说句让你笑话的话,我看到他出场的第一眼就想哭,这不像个爷们儿,可是没办法。

这就是气场的力量。

蔡振华身上也有这样的一股劲儿,让全场安静达数分钟之久,大伙都围了过去。

张怡宁告诉我,她在国家队打那么多年球,不管是在楼道还是球馆里,每次碰到蔡指导都能感受到他身上有一种灼热的压迫感,不仅她有,几乎所有人都有这样的感觉,他走到哪,哪就会不由自主地紧起来快起来,大型比赛只要他在那大伙心里就踏实了。国家乒乓球队可不是一般人能去的地方,从无数高手中选出的精英个个都不是等闲之辈,却能对一个人产生这样一种敬畏之心,可见其气场之强非同常人。

2011年房市受控、股市暴跌,12月12日晚上在中央电视台黄金时间段,播出了由著名主持人白岩松主持的《新闻1+1》栏目,用了近40分钟的时间对老蔡同志将出任中国足球的"大哥大"进行了采访。从画面上看,蔡振华比几年前我见到他时更加厚重和智慧了。我一边看采访一边想,老蔡如果炒股票,他也一定会是个高手,他擅长在价值洼地时把股票买进。20年前中国乒乓球男队跌到谷底,一个保持世界第一多年的球队,在世界排名中跌到了第七位。1991年刚满30岁的小蔡扔掉在意大利当教练的优厚待遇,带着已经怀孕的太太回来报效祖国,出任中国男队总教练,从欧洲的大别墅搬到国家体委分给他的一间平房里,卧薪尝胆苦练内功,三年后带领中国队在1993年3月天津举办的第四十三届世界杯乒乓球赛上一举包揽了七项冠军,使中国队又回到了冠军宝座上。从那以后20年,这些金灿灿的奖杯一直摆放在国家队体育总局乒羽中心的陈列室里,再也没有出国溜达过。

2011年9月正好是老蔡50岁的生日,老蔡像20年前的小蔡一样再次出山,接过中国足球这个让中国几代人牵肠挂肚的大球。用脚做事要比用手做事难度大,11个人在一起做事要比一个人做事难度大,一个中国人是条龙,3个中国人是条虫的文化属性,并没有因为今天我们腰包鼓了而改变了多少。足球不仅要从娃娃抓起,还需国运、财力、文化观念、法治、精神都要合上力才能拉上这一板漂亮的弧圈球,但我相信只要老蔡身上的这个气场颜色不改变,中国足球一定会有希望,也许他本人看不到中国队在世界杯上领取冠军奖杯的场面,但他将会是一个重要的奠基石。

这也是气场的力量。

终于有一天在西单图书大厦看到卖有关气场的书了，有位美国作者泰德·安德鲁斯在他所著的《气场》一书中这样写道："每个人都有一个自己的能量场，不停地向外散发着自己的能量，但能量的强弱正负每个人却大不相同，据说一般人的能量磁场大约半径在3米左右。但有的人能量场强，半径能有几十米，所以在会议室开会时，即使他坐在那里不说话也会成为会场的中心。极个别人的能量场能够绵延数十里，气场强到可以让如潮的人流向他欢呼，这样的事情在我们的生活里也屡屡发生。"

这段写得真精彩。

有冒险的地方就有宗教，有宗教的地方就一定会有气场，气场究竟是什么，至今没有人能说清。科学能够回答的问题很有限，还不足以解释人类的这种现象。但敏感的人会感觉到气场的存在，尤其是在领袖们的身上，前国家总理朱镕基、联想集团董事局主席柳传志、阿里巴巴董事局主席马云，在和这些人的近距离接触中，我都亲身感受到这种能量的存在，只是颜色、形状不尽相同罢了，但他们的气场都是暖色调，像是一团熊熊燃烧的火焰，让你感到灼热；像是一座刺破青天的高山，让你望而仰止，甚至会让你的脑海里瞬间空白，觉得在这些人面前什么都不会了。

这就是气场的力量，会让人情不自禁地向这种力量致敬。

有书就有作者。书作为出版物能在全国发行，说明气场得到了认可，我也有了知音，终于可以摘下在头上戴了多年的封建迷信的帽子，自己给自己平反昭雪，从此放心大胆地去欣赏人性中流淌出的这种极致之美了。

定力是一种气质

> "智"说的是一个人的聪明程度，
> "慧"讲的则是不反应的能力。
> 我觉得自己说话快，
> 走路快，
> 吃饭更快，
> 看来难堪大任，
> 还要继续修行才是。

在北京邮电大学体育馆里，北京市高校男子团体决赛杀得难分难解，对阵双方是北京大学队和北京邮电大学队，上场的都是刚刚从专业队退役下来的运动员，水平仍是国内一流，比赛打得高潮迭起，拉拉队的喊声像大年三十晚上放的鞭炮，一浪高过一浪。在关键的第三场，北京大学队落后，双方谁都知道这场球是整个比赛的制高点，赢了这场球后面的比赛就好打了，输掉这场比赛就有可能与冠军杯失之交臂，球馆里空气像凝固了一样，紧张得让人透不过气来。

北京大学队叫了暂停，大家把目光都集中在总教练、前世界冠军刘伟身上，她双手交叉在胸前，浓密的黑发高高绾在脑后，一身黑色的着装勾勒出富有弹性的线条，她一动不动地端坐在挡板后面，真像是一座古希腊雕像。她把运动员叫到跟前说："记着，心向下定，气往上提，坚持打对方中路，这场球你可以输，但不能输的傻乎乎的。"她说话声音不大，语速也很慢，却有着一种极强的穿透力，一种挡不住的沉稳感和力量感，不知道是因为她太美了，还是这种沉稳和力量的气场太强，那一刻几乎全场的人都被她这种坚定的神态镇住了，喧闹的球场上甚至出现了片刻的安静。受到她的感染，刚刚在场上还略显不定的运动员脸上也显露出一种坚定的神情，拿毛巾擦了擦汗，迈着坚定的步子上场了。

对方的教练虽然也是大家熟知的前世界冠军，这时却显得有些紧张，战术布置散乱，说话啰啰唆唆，当时我心里就有一种预感，这场球北京大学队很可能赢了。

结局果然是这样，北京大学队最终以3∶0大胜，荣获冠军。

一场名不见经传的高校比赛，却让我又一次感受到定力的魅力，看到了在运动员拼杀的背后是教练员的定力与修养的较量。联想集团董事局主席柳传志、著名电影演员周润发、万科董事长王石，从他们身上我也曾看到过这种定力的力量，不是色厉内荏，也不是木讷和愚钝，而是意识到眼前发生的一切却不为所动的淡定，让人从心底觉得踏实。

定力是人性中一种很高贵的品质，一半是源自天性，一半是后天修行。曾国藩在他的家书中曾说过三种人没出息难堪大任，一是吃饭快的人，二是说话快的人，三是走路快的人。尤其是走路，不能急急匆匆地像个窜天猴，应该庄重、沉稳，古人称之徐行缓步。这种徐行缓步是不是大清朝官员走路时特有的那种四方步，人称"官步"，现已无据可考，但走路确实能够反映出人的内心来。

有一次电视报道美国前国防部长盖茨访华，在梁光烈将军陪同下检阅中国人民解放军仪仗队，别看盖茨年事已高，轻飘飘的风都能刮得起来，在红地毯上走那几步还真不含糊，坚定、沉稳，透着军事强国的"范儿"。再看看周总理、邓小平走路带出来的那种气势，真能把一个泱泱大国镇得平平安安的。

2008年汶川地震，胡锦涛总书记亲自到地震现场视察慰问，正当他向抗震救灾的解放军和群众讲话时地震又发生了，大地开始摇晃起来，虽有领袖在场，人群中还是泛起一丝惊慌，有些站在高处的战士还用手去扶身边的残垣断壁，再看看总书记这时镇定自若，只是抬起头来平静地看了旁边一眼，脸上没有丝毫惊慌，站在那里纹丝不动，微微停顿了几秒钟后又开始接着讲话，那真是一种泰山毁于前而面不改色的从容淡定。这是电视直播，全国几亿人都看到了这个场景，许多人无不为之动容，我赶忙叫妻子过来看这个场面，转脸一看她已是泪流满面了。

在刘伟这样一位曾七次获得世界冠军的女性身上，我又看到了这种久违了的定力的亮光，那是一种会让人从心底肃然起敬的光亮。

还有一位有定力的年轻人也姓刘,名字叫刘洋——中国第一位女航天员,1978年出生,河南郑州人。

古人解读"智慧"这个词实际上是有两层含义的,"智"说的是一个人的聪明程度,对各种知识的获取能力、反应能力和判断能力,以及看问题的视角、行动的速度等等。而"慧"恰恰相反,它讲的是不反应的能力,是人的定力,由定而生慧,那是一种内心流淌出来的从容,是一种对全局了然于胸的淡定。

一个优秀的指挥者既应该是指南针,同时也应是定海神针。指南针就是在大家茫然看不清方向时他能够指出东南西北,有一个大致的方向感,然后带领大家朝前走。定海神针则是在危急关头,大伙都慌乱的时候,能够如如不动。

古代皇帝戴的船形帽前面挂一个帘子一样的东西,用它来挡住自己的脸,一方面是不让大臣看清自己的表情,猜透圣上的意图,而使自己陷入被动,同时也是一个定力的显示器,告诉自己脑袋不能乱动,一动眼前这个小门帘就晃得很厉害。皇帝要有一种仪态,不能听风就是雨,不能见风就使舵,不能轻易地乱表态,要延迟判断。总之是你不能乱动,应该稳如泰山、坚若磐石,如果皇帝在龙椅上坐立不安的话大臣们就会没了底,朝廷上议论的都是江山社稷、君国大事,皇帝一丝一毫的惊慌都会被放大,从而做出错误的决策。

轻举妄动即为蠢，见识褊狭即为愚。我觉得自己虽不算愚，但还是蠢，说话快、走路快、吃饭更快，看来难堪大任，还要继续修行才是。

所以一个企业也好，一个国家也罢，第一把手的定力有时候比聪明更重要。现在获取信息的成本越来越低，信息的扁平化已成趋势，领导者的智越来越发达，而慧则显得不够了。

乒乓球既有快速反应的智，也锻炼关键时刻能够定下来的慧，真是一个智慧双全的好运动，它将伴随我们的一生。

老庄走了

人世间哪有什么万岁，
万万岁！
瞬间就是永恒。

"2013年2月10日庄则栋在北京佑安医院去世，享年73岁。"打开电脑一行简单的字在屏幕上跳了出来，进入了我的视线，虽然几年前我就知道他身患癌症来日不多，可知道他真的走了的时候，心里还是有点发沉。我赶忙拿起电话给球迷朋友通报这个消息，还觉得少点什么，又从柜子中拿出庄则栋讲的《怎样打乒乓球》的光碟看了一遍，算是在家中为这位乒乓名将的逝去寄托一点我们的哀思了。

那天是蛇年的大年初一，在新的一年开始的时候，庄老走了。

我作为把乒乓梦留在那个时代的过来人，身上自然会有当年中国乒乓球队为国争光的乒乓情结，再加上我曾在庄则栋少年时练球的北京市景山少年宫混过几年，恰好从师于庄则栋的老师庄正芳先生，练的也是庄则栋那样直板两面攻的打法,所以我的"庄则栋情结"比一般的人还要重些,可以说庄则栋开创的直板两面攻打法对我产生过很大影响,虽然我只是在一台电子管的黑白电视机上见过他。后来听说他回到北京市少年宫教球,我还特地跑去找过他,可惜他外出了未曾见到,再见时已是他的遗容了。

　　2013年2月28日上午9:30,在北京佑安医院太平间的一间十几平米的小房子里,举行了庄则栋遗体告别仪式。那是一间十分陈旧的水泥房,医院的太平间旁大都有一间这样的小屋子,供那些不去八宝山灵堂告别的家属们用。

　　那天仍旧是雾霾漫天,天阴沉沉的,前来参加告别的人并不多,大都是一些崇拜庄则栋的中老年球迷,很多人都是骑着自行车来的,公众人物少之又少,只有几个人艺离退休的老演员,互相搀扶着来到这里,没有看到一个昔日与他并肩战斗过的同事和战友到场,更谈不到有什么重要领导出席,只是医院门口那几辆闪着红灯的警车,才让你感觉到今天要送走的人不同一般。

　　告别仪式上弥漫着一种神秘甚至有些诡异的气氛,似乎有许多个为什么都在这间简陋的灵堂里徘徊游荡着。为什么这样一个曾经家喻户晓的名人,新中国第一个获得三连冠的乒坛名将,一个曾经为打开中美关系大门做出贡献、被毛主席戏称为"小祖宗"的风云人物,丧事会办得如此简单;为什么没有一个新闻记者能带相机进入灵堂;为什么明令不准照相;为什么没有花圈。人们你看看我、我看看他，每个人都想在别人的脸上得到答案，可什么答案也没有得到，最后大家不约而同地把询问的目光投向一个人，庄则栋的第二任妻子，中国籍的日本人——佐佐木敦子脸上。

敦子镇定从容地站在家属队列之首，我还是第一次亲眼看见一个日本女人为她心爱的中国丈夫送灵的场面。有人说在客厅里能看出一个女人的品位，在爱床上能看出一个女人的段位，而在灵堂上却能看出一个女人的全部内涵，这句话的含义我那天体会到了。

从敦子含泪的目光中，我看到一个人悲痛欲绝的时候并不是泪流满面号啕大哭。我们都有参加亲朋好友遗体告别的经历，特别是在农村，哭得死去活来的人，多是做给别人看的，可真正的悲痛往往是无声的，在男人的哽咽之中，在女人强忍的泪水中，悲痛却到了极致。

在她脸上透出来的，不仅是失去亲人的悲痛，目光中更是有着一种坚定，一种柔弱女子所特有的刚强。这种坚定与刚强和一个女子的柔弱交织在一起，透出一种悲壮与高尚的美，令全场来吊唁的人们为之动容。我很难用文字把这种美写清楚，那我就用我读到的两个故事，来描述我亲眼看到佐佐木敦子身上的那种美吧。

一个是第二次世界大战期间，美军与日军在冲绳岛苦战数日后取胜，当他们上岛之后发现岛上的日本士兵几乎都战死了，活下来的只有妇女和孩子，面对围上来的美军士兵，这些失去男人的女人们并不慌乱，更没有举手投降，而是选择了和他们的丈夫一同归去的道路——集体自杀，他们有的一家人抱在一起跳崖，有的帮着别人自杀后自己再去自杀，惨叫声、诀别声此起彼伏，令那些在硝烟中早已铁石心肠的美国士兵们不寒而栗。

  第二个故事是1945年8月，日本人投降后，当时有一批准备送回国的日本妇女，被围在北京西直门城墙边的一块空地上，她们在那里等着被送回日本去，几乎都是失去了丈夫和兄弟的日本女人带着孩子，他们在那片空地上搭起了一片临时居住的帐篷，白天经常会有些中国人跑去看热闹，有些人还捡起地上的石块扔过去，自豪地喊上几句"打小日本鬼子"，这些日本女人们并不还嘴，她们的目光和别人对视一下便很快地躲开了。早晨她们也会像北京老百姓那样点起煤球炉子做饭，但吃完早饭后，孩子们就一排一排地坐在地上，在城墙上挂着一块门板，由老师在教孩子们识字，在孩子们的四周坐着的是那些不认字的女人，她们一边用自己的身体挡住那些可能扔过来的石头，一边和孩子们高声地念字，毫不理会旁边人的指手画脚，那些识字的妇女则组织起来给大伙洗衣服做饭。她们在这里待了近一个月，几乎天天如此，她们在中国失去了亲人，不知道什么时候才能回到日本，几乎是废墟的日本等待她们的将是什么更是无从知晓，但她们却在这被人唾弃的环境中一丝不苟地教孩子们认字。

"一个可怕的民族。"围观的人群中不知谁这样说了一句。

从那以后再也没有人往那些日本女人身上扔石头了,甚至还有人给她们送饭。

我站在庄则栋的遗体旁和佐佐木敦子握手的时候,脑子里为什么会泛出十多年前读到的这两个故事,我至今也不明白。

一个人辞世的面容往往是他内心真实的写照,有的人走得安详,有的人走得痛苦,有的遗容上带着恐惧,有的脸上挂着一肚子心事。当我在庄老的遗像前三鞠躬之后,凝望他的遗容时,我觉得他在带着几分欣慰的同时,内心深处却也有着些许不甘……

今天人们谈起当年的世界冠军庄则栋,总会把他的人生分为两个部分:一是年轻时的事业;二是人到中年之后的爱情。世界冠军需要天赋、汗水和运气,离我们太遥远,可望而不可即,人们只能望尘莫及说说罢了。但每个人都觉得爱情离自己很近,所以都在努力地找寻,当我们经过苦苦寻找却发现我们渴望的爱情比夺得世界冠军还遥远的时候,我们茫然了,发出了"爱情啊!你姓什么"的质疑。有人说爱情是条龙,我们敬它、畏它,逢年过节还要把龙王老爷拿出来耍弄一番,而生活中实际上根本没有龙,庄老是高人,他也许见过龙,至少大家都认为他见过。

作家出版社曾经出过一本叫做《庄则栋与佐佐木敦子》

的书，把他们的爱情描写得像琼瑶小说里的男女主人公一样，那本书我读过，还真是挺感动人。可世界冠军是一拍一拍打出来的，硬碰硬说得清道得明，爱情则是软缠软，辗转反侧说不清且道不明。而这个世界上太多的"硬"最后败给了"软"，如此看来要获得真正的爱情比得个世界冠军还难。

很难用成功和失败去描述庄则栋的一生，他少年得志，20岁便拿了世界冠军而一举成名。那时的新中国太需要一个这样的世界冠军来鼓舞中国人民的士气了。中年时一不留神为中美外交做出了贡献，官至体育部长，30岁便坐上红旗轿车向中央领导人汇报工作；36岁政治前途没了指望，妻离子散，真可谓是虎落平阳。正在走投无路的时候，一份真诚的爱情又送入了他的怀抱，而且还是个贤惠的日本姑娘。人常说美国的房子日本的娘子，那都是全世界有名。可见日本女人教养有多高，他们懂得丈夫就是她的天，不像解开裹脚布的中国娘子，总要为妇女解放而战斗，妇女顶起半边天，以至于时至今日女人越来越强，男人越来越娘。

在冥冥中我笃然想起70多年前发动西安事变的张学良将军，他的人生曲线和庄则栋惊人地相似，他们都是名将，一个打仗一个打球，都是在36岁本命年犯了"政治错误"而结束了自己的政治生命，由人生的巅峰跌至谷底，在以后慢慢的人生道路上颠沛流离、妻离子散，却又在失意的人生中得到了爱情的滋润，从而给后人留下了一段令人羡慕的爱情故事。

巧合吗？纯属巧合。常言说"无巧不成书"。但巧的是为什么在男人事业上失意、女人趁机发动进攻抄底的时候，才能产生脍炙人口的爱情故事，而且男人只有在这种逆境状态下的爱情才能持久。

据说张学良曾直接对赵四小姐说过："如果不是西安事变蒋先生把我关起来，我们两个也许不会这么多年相守在一起。我身边的女人太多。"这话是张学良说的话，还是文人墨客在野史中作秀以讹传讹，现已无据可考，但我相信这句话有一定真实性。我在台湾看了很多张学良将军的影像资料，在这些资料中我看到一个更为真实的张学良，我相信如果没有西安事变后那漫长的囚禁生涯，依张将军当年"官二代""高富帅"的社会地位和风流倜傥、豪爽不羁的个性，很难和一个女人几十年相守到老，除非这个女人才貌双全，对老公体贴入微，又是丈夫事业上的好助手。但从台湾版的赵四小姐的录像上看，说话带着浓重口音的赵四小姐，比起获得博士学位、在美国国会用流利的英语演讲，让众人为之倾倒的蒋夫人似乎还有一段不小的差距。

许多伟大的决定往往都是拍脑门拍出来的，许多改变历史的大事件，其实也多是偶然中的偶然，不像事后文人墨客所描述的那样怎样精心策划、如何豪气冲天。

没看到有史料记载赵四小姐在张少帅发动西安事变之

前是否在丈夫耳边吹过枕边风，捉蒋兵变的想法最先是谁提出的现在也无据可考。当我们从教科书中走出来之后，我们渐渐地发现许多大事件的发生往往都是"老大"身边最亲近的人有意无意地几句话，这话恰好拨动了决策者心中那根琴弦，脑子一热计上心来，又在想法没有改变时就那么干了，在当时那种情况下不会也不可能想那么多，想法太多了是什么事情也干不成的。

庄先生也是一样，20世纪70年代美国成为中国人民的头号敌人，马路上"打倒美帝国主义的"标语随处可见，比今天麦当劳肯德基的广告不知要多多少倍，中美之间几乎没有任何官方和民间的来往。在那种极端情况下，作为代表中国去美打球的不到30岁的运动员，虽然有着连自己都不知道怎么回事的共产主义革命理想，但未必能有打破中美多年敌对关系、改变世界政治格局那样高屋建瓴的政治远见，对于误上了中国乒乓球队大巴车的美国运动员科恩，这个留着长发的"鬼子"到底是美国特务还是美国朋友，也未必能在短短几分钟车程上分辨清楚，否则他不会在今后的政治仕途上犯那么大的错误，在36岁顶峰年华上结束自己的政治生命。正像庄先生在2012年的一次电视节目中说的："打球我行，搞政治我真不行。"那是庄则栋唯一的一次在电视节目上和敦子女士一起谈到自己的这段往事，那次节目播出距庄则栋去世不到一年。

张学良也好、庄则栋也罢，他们36岁以前的辉煌只属于那个特定的时代，在以后漫长的生活中，特别是当他们到了晚年的时候，他们已经是另外一个人了，以前的事除了作为回忆和谈资与今天已经没有太多关系，人们也很快会把这些曾震惊世界的事件忘却，新一代人也许根本就不知道你姓甚名谁，往事如烟，多少轰轰烈烈的大事件几十年过去，就像一缕青烟，飘散得无影无踪了。一个人如果用"当初老子如何风光"来应对眼前的现实世界，得到的只有失败。

庄则栋走了，走得无声无息；庄则栋走了，走得耐人寻味。历史总会留下许多谜团来给后人猜测，真相却永远无人知晓。历史学家们经常会说这样一句话："所有的历史都是现代史"，意思是说今天的人怎么写，历史就会是什么样，翻译成大白话就是历史是一个任人打扮的小姑娘，每个人都根据自己的需要解释着历史，所以曹操一会儿是奸臣，一会儿又被人写成了枭雄，天上地下谁人知晓，只能由后人们去评说了。

哪有什么万岁，万万岁！瞬间就是永恒。

后记

向极致致敬

把《小球大时代》一摞厚厚的书稿交给出版社，责编在稿子上密密麻麻的修改完成之后，似乎可以松一口气。

就差封面设计了。跟头一个设计师磨了半个多月，几易其稿，我、责编和刘社长都不满意。

"换人吧，我给你找个有思想有创意的。"刘社长当场与设计师联系，并把设计师的电话号码给了我。这天离2016年的春节只有一天了，节日的气氛弥漫整个北京城。

春节的大年初四，北京还零零星星地下了点小雪，我见到了这位设计师。从外貌看，我感觉他是一位七零后，可一交谈起来，我觉得他思想新锐的程度至少应该是一个九零后，随性、率真、纯洁但不幼稚，这目光让我想起香港演员张国荣，我曾很偶然的在一个很小的范围内见到过张国荣，他的目光特别深邃，身上带着几分忧郁孤独……

有这样状态的设计师，我心里隐约感觉到把我的书页设计成精品有指望了，我心中暗自庆幸，一件事情成败的关键往往不在事情本身，而在于你和谁一起去做。

可接下来的事情却让我和责编都赞叹不已了。

这整个春节他几乎都在为做这个小小的封面设计一次次地打磨，可让我完全没想到的是，他几乎是不计成本地把封面设计推向极致，几乎是到了近乎"道"的程度。

2月15日　第一稿

左：土金色，中：黑色，右：大红色

设计师：这稿怎么样？

我：太小资了，没有冲击力，作一个诗集的封面正好。书名是《小球大时代》，你怎么给改成《弧圈时代》了。

设计师：我觉着《弧圈时代》这个名字更好，那我再重新设计一稿。

2月18日　第二稿

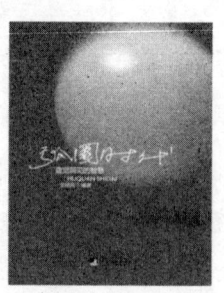

灰色

设计师：这稿怎么样？

我：更没有冲击力了，作为一页产品说明书够精彩。

设计师：我把你的书样整个看了一遍，这稿我用了三天时间，字是手写的，就整整用了一天时间，书名我仍坚持叫《弧圈时代》。

我：感觉上差得太远了。创新感、颠覆感、冲击力都没出来，和我心里想表达的那种东西相距太远，还有，你怎么坚持替我这个作者改书名呢。（笑）

设计师：我很喜欢这个书名。

我：仅仅是你喜欢，但不能越界啊，这个世界不是为某一个人安排的，市场不在乎小资的个人感受。

设计师：我这几天折腾累了，让我静一静再想想。

2月21日　第三稿

上白下黑，字红色

设计师：这稿怎么样？

我：黑白相间，有道的感觉，但和书的主题还是不符，我们是小球大时代啊，这一稿没有时代感，做一本写围棋的书的封面更合适。

设计师：能用一幅画面来说你心中的这种时代感吗？

我：曹禺先生的著名话剧《北京人》的结尾，大少爷在绝望中自杀吞下鸦片，大烟枪"通"的一声掉在了地上，老太爷隔着房间问"什么响"，佣人不敢把大少爷自杀的事情告诉老太爷，敷衍到"闹耗子"……

这时候舞台上是空的没有人，整个剧场安静极了，一束黎明的曙光从窗外射了进来，远方隐约传来火车的汽笛声……

设计师：这个画面太动人了，我有感觉了，再试试。

我：又有感觉啦，别设计出来又跑了题，你有时候太自恋，太喜欢自己"嗨"。

设计师：……很有可能。

2月25日 第四稿

白底黑字，浅蓝色框

设计师：这稿怎么样？

我：这更不对了，像是在纪念已故的心上人，鲁迅先生的名篇《为了忘却的纪念》用这个当扉页合适。

设计师：我在追求一种儒雅哲学的感觉。

我：这不是一本纠结缠绵的书，没有表现出那种张力和野性，更谈不上什么大时代的感觉了。

设计师：你说的大时代是迎接一个新时代吗？

我：是站在海岸遥望海中已经看得见桅杆尖头了的一只航船，是立于高山之巅远看东方已见光芒四射、喷薄欲出的一轮朝日，是躁动于母腹中快要成熟了的一个婴儿。

设计师：这话真精彩。

我：这话是毛主席在《星星之火 可以燎原》中说的。

设计师：他老人家描述的这画面真好，我们搞设计的人喜欢用画面说话。

2月26日　第五稿

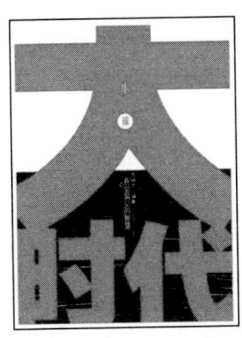

上白下黑，字红色

设计师：这稿怎么样？

我：画面的整体感是对的，张力也够了，但是张力太外露了内敛不够。

设计师：你说的内敛是什么意思，打个比方。

我：你看奥迪车关门的声音是"嘭"的一声，那声音是在里头的，而奥拓车关门的声音是"砰"的一下，声音是在外边的。

设计师：我辛辛苦苦设计了两天才弄出来，怎么成奥拓了，连一辆桑塔纳都不如。（笑）

我：如果是放在当年"文化革命"的宣传画上，倒是很煽情。真正骨子里边的痛苦绝不是号啕大哭，越是激昂的情感越要有内敛。

设计师：奥迪车、奥拓车的比喻有意思。我再试一次吧。这一个封面折腾了十多天，但跟你谈设计思想还很有意思。这回碰见对手了。

我：什么对手？

设计师：交流的对手，我搞封面设计已经十多年了，见过无数的客户，大多是来了以后，直接就说画面，他只要你的两只手，而你和他们不一样，你把我创作的欲望激活了，和你聊天很过瘾。

我：人工智能也许会代替人类几乎所有的思考，但有两样是无法替代的，一个是审美，一个就是爱。

设计师：我们就是吃审美饭的，计算机代替不了我们，看来我们还有饭吃。（笑）

我答：那就辛苦一下，再做一稿怎么样？

设计师：我只能说行了吧……

2月29日　第六稿

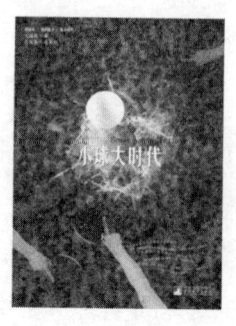

灰黑色

设计师：这稿怎么样？

我：画面的震撼力是有了，但构图和颜色都过于阴冷，这不是上一稿中说的关于美的内敛，更多的像是揭露与控诉，那几条伸出的胳膊，看了多少有点让人毛骨悚然的感觉。

设计师：你知道这做的有多费劲，碎玻璃的图案是一点一点拼上去的。

那一天我们两个人第一次在电话里吵了起来，差一点爆了粗口。

第二天一早他又打来电话，让我别介意，告诉我他昨天实在是太累了，刚刚设计完满心欢喜发过来，以为能通过了，想等几句表扬的话，没想到得出这么个评价，人累狠了有时候会闹，要宣泄一下。

3月2日　第七稿

白底红字

设计师：这稿怎么样？

我：这稿的感觉太"民国范儿"了，如果写一个乒乓运动员三十年的生活与爱情，这个画面很合适，可我们是写今天，是写一个已经开始的巨变当中的互联网时代，我们已经闻到了这个时代的气息，我们在调整自己，跟上这个时代的脚步，对于过去，我们只能向它投入深情而复杂的一眼。

设计师：这稿是有点太怀旧了，可我脑子里总是情不自禁的出现这样一种画面。

我：当一个人开始经常怀旧的时候，说明他已经开始走向老，或者是走向成熟了。

设计师：你不用安慰我，我觉着我已经开始变老了。

我：人人都会衰老，关键是我们怎么样去从容到老，现在社会上掀起一股谄媚90后的风气，60岁的人还要装成16岁的人去发嗲，人在不同的年龄段有不同的主题，我们崇尚年轻，但不害怕衰老，做时间的朋友，何况我们的心很年轻呢。

设计师：就冲你今天这番话，我还想再做一稿。

可这时我已经没有什么信心了，但看他设计了这么多稿还有这样的热情，心里很是感动。实在想做一次就做吧。但告诉他这是最后一次，如果设计的还不理想，就从已有的这几稿中选一个用，出版社已经在催，时间等不起了。

3月5日　第八稿

上白下褐，字红色

设计师：这稿怎么样？

我：好极了，总体感觉和画面结构都对了。

设计做到这里，虽没有尽善尽美，但把这本书的主题和我心中的感觉都表达出来了。晚上我俩在电话里又讨论了很久，让我感到十分意外的是他竟然提出还要再做一次，我拦了他几次竟然都没有拦住，看看表已经凌晨4点了。

3月7日　第九稿

现在的封面！

设计师:这稿怎么样?

我:太他妈震撼了……(无语)

我看到他发过来的这幅设计时,已是凌晨5点多了,天已经微微亮了,一缕霞光从窗外透进来,照在写字台上,和封面上的朝霞好像啊。

这时我看到责编也发过来一条微信,上面这样写着"我向这样一个和自己死磕的人致敬。"

她起得早,第一时间看到了这稿设计,他一夜没睡,把刚做好把设计发给我,我们三个人在黎明那一刻,感觉完全碰到了一起。

就是这东西……

我们现在已经成为世界第二大经济体了,世界强国会跟你死磕,这个民族太习惯凑合了,差的也就是这点死磕精神,那么一股劲儿。也许这正是《小球大时代》中所要表现的那种精神吧。

鸣谢

以前我不明白为什么许多到领奖台上领奖的人都会提到"感谢"这个词，总以为是场面上的客套话，当我这本书要出版时回眸一望，才明白要感谢这句话的含义，要感谢的人是那么多，以至于我写出了一串长长的名单，还觉得没有写完……

感谢

中国乒协主席　蔡振华

国家体育总局　常成　张晓蓬　赵霞

中国乒乓球队　总教练 刘国梁　领队 黄飙

世界冠军　张怡宁　张继科　马龙　丁宁　许昕　樊振东
　　　　　刘诗雯　郭焱　马琳　王励勤　王皓　陆元盛

张燮林　梁戈亮

万通集团董事局主席　冯仑

北京大学方正乒乓球俱乐部总经理、世界冠军　刘伟

中国金融博物馆书院

碳9学社

电影频道乒乓球俱乐部

中国知识产权乒乓球协会秘书长　李明

著名乒乓球运动员　齐宝华

《乒乓世界》杂志　赵晖　夏娃

河北银河乒乓球有限公司总经理　陈志杰

最后我还要特别感谢中央编译出版社总编刘明清，责任编辑岑红，正是由于他们的勇气和智慧，才使得《小球大时代》这本书得以出版。